ATLAS OF WILDLIFE IN SOUTHWEST CHINA

中国西南野生动物图谱

昆虫卷（下）INSECT（II）

朱建国　总主编　买国庆　主　编

北京出版集团
北京出版社

图书在版编目（CIP）数据

中国西南野生动物图谱. 昆虫卷. 下 / 朱建国总主
编；买国庆主编 . — 北京 ： 北京出版社，2021. 3
ISBN 978-7-200-14783-4

Ⅰ. ①中… Ⅱ. ①朱… ②买… Ⅲ. ①昆虫—西南地
区—图谱 Ⅳ. ① Q958. 527-64

中国版本图书馆 CIP 数据核字（2019）第 066218 号

中国西南野生动物图谱　昆虫卷（下）
ZHONGGUO XINAN YESHENG DONGWU TUPU　KUNCHONG JUAN

朱建国　总主编
买国庆　主　编

*

北京出版集团
　　　　　　　　出版
北京出版社

（北京北三环中路 6 号）
邮政编码：100120

网　　址：www.bph.com.cn

北京出版集团总发行
新　华　书　店　经　销
北京华联印刷有限公司印刷

*

210 毫米 ×285 毫米　27 印张　530 千字
2021 年 3 月第 1 版　2021 年 3 月第 1 次印刷
ISBN 978-7-200-14783-4
定价：498.00 元
如有印装质量问题，由本社负责调换
质量监督电话：010-58572393

中国西南野生动物图谱

主　　任　季维智（中国科学院院士）

副 主 任　李清霞（北京出版集团有限责任公司）

　　　　　朱建国（中国科学院昆明动物研究所）

编　　委　马晓锋（中国科学院昆明动物研究所）

　　　　　饶定齐（中国科学院昆明动物研究所）

　　　　　买国庆（中国科学院动物研究所）

　　　　　张明霞（中国科学院西双版纳热带植物园）

　　　　　刘　可（北京出版集团有限责任公司）

总 主 编　朱建国

副总主编　马晓锋　饶定齐　买国庆

中国西南野生动物图谱　昆虫卷（下）

主　　编　买国庆

摄　　影　买国庆

主编简介

朱建国，副研究员、硕士生导师。主要从事保护生物学、生态学和生物多样性信息学研究。将动物及相关调查数据与遥感卫星数据等相结合，开展濒危物种保护与对策研究。围绕中国生物多样性保护热点区域、天然林保护工程、退耕还林工程和自然保护区等方面，开展变化驱动力、保护成效、优先保护或优先恢复区域的对策分析等研究。在 Conservation Biology、Biological Conservation 等杂志上发表论文40余篇，是《中国云南野生动物》《中国云南野生鸟类》等6部专著的副主编或编委，《正在消失的美丽 中国濒危动植物寻踪》（动物卷）主编。建立中国动物多样性网上共享主题数据库20多个。主编中国数字科技馆中的"数字动物馆""湿地——地球之肾馆"以及中国科普博览中的"动物馆"等。

买国庆，长期从事野外科学考察工作，有近40年昆虫拍摄和科普创作经验。现为中国摄影家协会会员、中国摄影家协会自然生态摄影专业委员会委员、中国科普作家协会科普摄影专业委员会顾问。多年来在《中国摄影》《中国国家地理》《文明》《知识就是力量》《昆虫知识》等刊物发表摄影作品和科普图文百余篇（幅）；为《中国动物志》《海南森林昆虫》等多部专著拍摄图版百余版。

中国大西南地区泛指西藏、四川、云南、重庆、贵州和广西6省（直辖市、自治区），面积约260万km²，约占我国陆地面积的27.1%；人口约2.5亿，约为我国人口总数的18%。在这仅占全球陆地面积不到1.7%的区域内，分布有北热带、南亚热带、中亚热带、北亚热带、高原温带、高原亚寒带等气候类型。从世界最高峰到北部湾海岸线，其间分布有全世界最丰富的山地、高原、峡谷、丘陵、盆地、平原、喀斯特、洞穴等各种复杂的自然地形和地貌，以及大小不等的江河、湖泊、湿地等自然水域类型。区域内分布有青藏高原和云贵高原，包括喜马拉雅山脉、藏北高原、藏南谷地、横断山脉、四川盆地、两广丘陵、云南南部谷地和山地丘陵等特殊地貌；有怒江、澜沧江、长江、珠江四大水系以及沿海诸河、地下河水系，还有成百上千的湖泊、水库及湿地。此区域横跨东洋界和古北界两大生物地理分布区，有我国39个世界地质公园中的7个，34个世界生物圈保护区中的11个，13个世界自然遗产地中的8个，57个国际重要湿地中的11个，474个国家级自然保护区中的102个位于此区域。如此复杂多样和独特的气候、地形地貌和水域湿地等，造就了西南地区拥有从热带到亚寒带的多种生态系统类型和丰富的栖息地类型，产生了全球最为丰富和独特的生物多样性。此区域拥有的陆生脊椎动物物种数占我国物种总数的73%，更有众多特有种仅分布于此。这里还是我国文化多样性最丰富的地区，在我国56个民族中，有36个为此区域的世居民族，不同民族的传统文化和习俗对自然、环境和物种资源的利用都有不同的理念、态度和方式，对自然保护有着深远的影响。这里也是我国社会和经济发展较为落后的区域，在 1994 年国家认定的全国 22 个省 592 个国家级贫困县中，有 274 个（约占 46%）在此区域。同时，这里还是发展最为迅速的区域，在 2013—2018 年这 6 年间，我国大陆 31 个省（直辖市、自治区）的 GDP 增速排名前三的省（直辖市、自治区）基本都出自西南地区。这里一方面拥有丰富、多样而独特的资源本底，另一方面正经历着历史上最快的变化，加上气候变化、外来物种影响等，这一区域的生命支持系统正在遭受前所未有的压力和破坏，同时也受到了国内外的高度关注，在全球 36 个生物多样性保护热点地区中，我国被列入其中的有 3 个地区——印缅地区、中国西南山地和喜马拉雅，它们在我国的范围全部位于此区域。

由于独特而显著的区域地质和地理学特征，我国西南地区拥有丰富的动物物种和大量的特有属种，备受全球生物学家、地学家以及社会公众的关注。但因地形地貌复杂、山高林密、交通闭塞、野生动物调查难度大，对此区域野生动物种类、种群、分布和生态等认识依然有差距。近一个世纪以来，特别是在新中国成立后，我国科研工作者为查清动物本底资源，长年累月跋山涉水、栉风沐雨、风餐露宿、不惜血汗，有的甚至献出了宝贵的生命。通过长期系统的调查和研究工作，收集整理了大量的第一手资料，以科学严谨的态度，逐步揭示了我国西南地区动物的基本面貌和演化形成过程。随着科学的不断发展和技术的持续进步，生命科学领域对新理论、新方法、新技术和新手段的探索也从未停止过，人类正从不同层次和不同角度全方位地揭示生命的奥秘，一些传统的基础学科如分类学、生态学的研究方法和手段也在不断进步和发展中。如分子系统学的迅速发展和广泛应用，极大地推动了系统分类学的研究，不断揭示和澄清了生物类群之间的亲缘关系和演化过程。利用红外相机阵列、自动音频记录仪、卫星跟踪器等采集更多的地面和空间数据，通过高通量条形码技术对动物、环境等混合DNA样本进行分子生态学分析，应用遥感和地理信息系统空间分析、物种分布模型、专家模型、种群遗传分析、景观分析等技术，解析物种或种群景观特征、栖息地变化、人类活动变化、气候变化等因素对物种特别是珍稀濒危物种的分布格局、生境需求与生态阈值、生存与繁衍、种群动态、行为适应模式和遗传多样性的影响，对物种及其生境进行长期有效的监测、管理和保护。

生命科学以其特有的丰富多彩而成为大众及媒体关注的热点之一，强烈地吸引着社会公众。动物学家和自然摄影师忍受常人难以想象的艰辛，带着对自然的敬畏，拍摄记录了野生动物及其栖息地现状的珍贵影像资料，用影像语言展示生态魅力、生态故事和生态文明建设成果，成为人们了解、认识多姿多彩的野生动物及其栖息地，了解美丽中国丰富多彩的生物多样性的重要途径。本书集中反映了我国几代动物学家对我国西南地区动物物种多样性研究的成果，在分类系统和物种分类方面采纳或采用了国内外的最新研究成果，以图文并茂的方式，系统描绘和展示了我国西南地区 2000 多种野生动物在自然状态下的真实色彩、生存环境和行为状态，其中很多画面是常人很难亲眼看到的，有许多物种，尤其是本书发表的 10 余个新种是第一次以彩色照片的形式向世人展露其神秘的真容；由于环境的改变和人为破坏，少数照片因物种趋于濒危或灭绝而愈显珍贵，可能已成为某些物种的"遗照"或孤版。本书兼具科研参考价值和科普价值，对于传播科学知识、提高公众对动物多样性的理解和保护意识，唤起全社会公众对野生动物保护的关注，吸引更多的人投身于野生动物科研和保护都具有重要而特殊的意义。在此，我谨对本丛书的作者和编辑们的努力表示敬意，对他们取得的成果表示祝贺，并希望他们能不断创新，获得更大的成绩。

中国科学院院士

2019 年 9 月于昆明

前 言

　　中国大西南地区泛指西藏、四川、云南、重庆、贵州和广西6省（直辖市、自治区），其中广西通常被归于华南地区，本书之所以将其纳入西南地区：一是因为广西与云南、贵州紧密相连，其西北部也是云贵高原的一部分；二是从地形来看，广西地处云贵高原与华南沿海的过渡区，是云南南部热带地区与海南热带地区的过渡带；三是从动物组成来看，广西西部、北部与云南和贵州的物种关系紧密，动物通过珠江水系与贵州、云南进行迁徙和交流，物种区系与传统的西南可视为一个整体。由此6省（直辖市、自治区）组成的西南区域面积约260万km²，约占我国陆地面积的27.1%；人口约2.5亿，约为我国人口总数的18%。此区域北与新疆、青海、甘肃和陕西互连，东与湖北、湖南和广东相邻，西部与印度、尼泊尔、不丹交界，南部与缅甸、老挝和越南接壤。

一、复杂多姿的地形地貌

　　在这片仅占我国陆地面积27.1%，占全球陆地面积不到1.7%的区域内，有从北热带到高原亚寒带等多种气候类型；从世界最高峰到北部湾的海岸线，其间分布有青藏高原和云贵高原，包括喜马拉雅山脉、藏北高原、藏南谷地、横断山脉、四川盆地、两广丘陵、云南南部谷地和山地丘陵等特殊地貌；境内有怒江、澜沧江、长江、珠江四大水系，沿海诸河以及地下河水系，还有数以千计的湖泊、湿地等自然水域类型。

1. 气势恢宏的山脉

　　我国西南地区从西部的青藏高原到东南部的沿海海滨，地形呈梯级式分布，从最高的珠穆朗玛峰一直到海平面，相对高差达8844m。西藏拥有全世界14座最高峰（海拔8000 m以上）中的7座，从北向南主要有昆仑山脉、喀喇昆仑山—唐古拉山脉、冈底斯—念青唐古拉山脉和喜马拉雅山脉。昆仑山脉位于青藏高原北部，全长达2500 km，宽约150 km，主体海拔5500~6000 m，有"亚洲脊柱"之称，是我国永久积雪与现代冰川最集中的地区之一，有大小冰川近千条。喀喇昆仑山脉耸立于青藏高原西北侧，主体海拔6000 m；唐古拉山脉横卧青藏高原中部，主体部分海拔6000 m，相对高差多在500 m，是长江的发源地。冈底斯—念青唐古拉山脉横亘在西藏中部，全长约1600 km，宽约80 km，主体海拔5800~6000 m，超过6000 m的山峰有25座，雪盖面积大，遍布山谷冰川和冰斗冰川。喜马拉雅山脉蜿蜒在青藏高原南缘的中国与印度、尼泊尔交界线附近，被称为"世界屋脊"，由许多平行的山脉组成，其主要部分长2400 km，宽200~300 km，主体海拔在6000 m以上。

横断山脉位于青藏高原之东的四川、云南、西藏三省（自治区）交界，由一系列南北走向的山岭和山谷组成，北部山岭海拔5000 m左右，南部降至4000 m左右，谷地自北向南则明显加深，山岭与河谷的高差达1000~4000 m。在此区域耸立着主体海拔2000~3000 m的苍山、无量山、哀牢山，以及轿子山等。

滇东南的大围山等山脉，海拔高度已降至2000 m左右，与缅甸、老挝、越南交界地区大多都在海拔1000 m以下。云南东北部的乌蒙山最高峰海拔4040 m，至贵州境内海拔降至2900 m，为贵州省最高点；贵州北部有大娄山，南部有苗岭，东北有武陵山，由湖南蜿蜒进入贵州和重庆；重庆地处四川盆地东部，其北部、东部及南部分别有大巴山、巫山、武陵山、大娄山等环绕。广西地处云贵高原东南边缘，位于两广丘陵西部，南临北部湾海面，中部和南部多丘陵平地，呈盆地状，有"广西盆地"之称；广西的山脉分为盆地边缘山脉和盆地内部山脉两类，以海拔800 m以上的中山为主，海拔400～800 m的低山次之。

2. 奔腾咆哮的江河

许多江河源于青藏高原或云南高原。雅鲁藏布江、伊洛瓦底江和怒江为印度洋水系。澜沧江、长江、元江和珠江，加上四川西北部的黄河支流白河、黑河为太平洋水系，分别注入东海、南海或渤海。在西藏还有许多注入本地湖泊的内流河水系；广西南部还有独自注入北部湾的独流水系。

雅鲁藏布江发源于西藏南部喜马拉雅山脉北麓的杰马央宗冰川，由西向东横贯西藏南部，是世界上海拔最高的大河，流经印度、孟加拉国，与恒河相汇后注入孟加拉湾。伊洛瓦底江的东源头在西藏察隅附近，流入云南后称独龙江，向西流入缅甸，与发源于缅甸北部山区的西源头迈立开江汇合后始称伊洛瓦底江；位于云南西部的大盈江、龙川江也是其支流，最后在缅甸注入印度洋的缅甸海。怒江发源于西藏唐古拉山脉吉热格帕峰南麓，流经西藏东部和云南西北部，进入缅甸后称萨尔温江，最后注入印度洋缅甸海。澜沧江发源于我国青海省南部的唐古拉山脉北麓，流经西藏东部、云南，到缅甸后称为湄公河，继续流经老挝、泰国、柬埔寨和越南后注入太平洋南海。长江发源于青藏高原，其干流流经本区的西藏、四川、云南、重庆，最后注入东海，其数百条支流辐辏我国南北，包括本区的贵州和广西。四川西北部的白河、黑河由南向北注入黄河水系。元江发源于云南大理白族自治州巍山彝族回族自治县，并有支流流经广西，进入越南后称红河，最后流入北部湾。南盘江是珠江上游，发源于云南，流经本区的贵州、广西后，由广东流入南海。广西南部地区的独流入海水系指独自注入北部湾的河流。

西南地区的大部分河流山区性特征明显，江河的落差都很大，上游河谷开阔、水流平缓、水量小；中游河谷束放相间、水流湍急；下游河谷深切狭窄、水量大、水力资源丰富。如金沙江的三峡以及怒江有"一滩接一滩，一滩高十丈"和"水无不怒石，山有欲飞峰"之说。有的江河形成壮观的瀑布，如云南的大叠水瀑布、三潭瀑布群、多依河瀑布群，广西的德天瀑布等。我国西南地区被纵横交错、大大小小的江河水系分隔成众多的、差异显著的条块，有利于野生动物生存和繁衍生息。

3. 高原珍珠——湖泊与湿地

西藏有上千个星罗棋布的湖泊，其中湖面面积大于 1000 km^2 的有 3 个，1～1000 km^2 的有 609 个；云南有 30 多个大大小小的与江河相通的湖泊，西藏和云南的湖泊大多为海拔较高的高原湖泊。贵州有 31 个湖泊，广西主要的湖泊有南湖、榕湖、东湖、灵水、八仙湖、经萝湖、大龙潭、苏关塘和连镜湖等。众多的湖泊和湖周的沼泽深浅不一，有丰富的水生植物和浮游生物，为水禽和湖泊鱼类提供了优良的食物条件和生存环境，这是这一地区物种繁多的重要原因。

二、纷繁的动物地理区系

在地球的演变过程中，我国西南地区曾发生过大陆分裂和合并、漂移和碰撞，引发地壳隆升、高原抬升、河流和湖泊形成，以及大气环流改变等各种地质和气候事件。由于印度板块与欧亚板块的碰撞和相对位移，青藏高原、云贵高原抬升，形成了众多巨大的山系和峡谷，并产生了东西坡、山脉高差等自然分隔，既有纬度、经度变化，又有垂直高度变化，引起了气候变化，并导致了植被类型的改变。受植被分化影响，原本可能是连续分布的动物居群在水平方向上（经度、纬度）或垂直方向上（海拔）被分隔开，出现地理隔离和生态隔离现象，动物种群间彼此不能进行"基因"交流，在此情况下，动物面临生存的选择，要么适应新变化，在形态、生理和遗传等方面都发生改变，衍生出新的物种或类群；要么因不能适应新环境而灭绝。

中国在世界动物地理区划中共分为2界、3亚界、7区、19亚区，西南地区涵盖了其中的2界、2亚界、4区、7亚区（表1）。

1. 青藏区

青藏区包括西藏、四川西北部高原，分为羌塘高原亚区和青海藏南亚区。

羌塘高原亚区：位于西藏西北部，又称藏北高原或羌塘高原，总体海拔4500～5000 m，每年有半年冰雪封冻期，长冬无夏，植物生长期短，植被多为高山草甸、草原、灌丛和寒漠带，有许多大小不等的湖泊。动物区系贫乏，少数适应高寒条件的种类为优势种。兽类中食肉类的代表是香鼬，数量较多的有野牦牛、藏野驴、藏原羚、藏羚、岩羊、西藏盘羊等有蹄类，啮齿

表1　中国西南动物地理区划

界 / 亚界	区	亚区	动物群
古北界 / 中亚亚界	青藏区	羌塘高原亚区	羌塘高地寒漠动物群
			昆仑高山寒漠动物群
			高原湖盆山地草原、草甸动物群
		青海藏南亚区	藏南高原谷地灌丛草甸、草原动物群
			青藏高原东部高地森林草原动物群
东洋界 / 中印亚界	西南区	喜马拉雅亚区	西部热带山地森林动物群
			察隅—贡山热带山地森林动物群
		西南山地亚区	东北部亚热带山地森林动物群
			横断山脉热带—亚热带山地森林动物群
			云南高原林灌、农田动物群
	华中区	西部山地高原亚区	四川盆地亚热带林灌、农田动物群
			贵州高原亚热带常绿阔叶林灌、农田动物群
			黔桂低山丘陵亚热带林灌、农田动物群
	华南区	闽广沿海亚区	沿海低丘地热带农田、林灌动物群
			滇桂丘陵山地热带常绿阔叶林灌、农田动物群
		滇南山地亚区	滇西南热带—亚热带山地森林动物群
			滇南热带森林动物群

类则以高原鼠兔、灰尾兔、喜马拉雅旱獭和其他小型鼠类为主。鸟类代表是
地山雀、棕背雪雀、白腰雪雀、藏雪鸡、西藏毛腿沙鸡、漠䳭、红嘴山鸦、黄
嘴山鸦、胡兀鹫、岩鸽、雪鸽、黑颈鹤、棕头鸥、斑头雁、赤麻鸭、秋沙鸭和
普通燕鸥等。这里几乎没有两栖类，爬行类也只有红尾沙蜥、西藏沙蜥等少数
几种。

青海藏南亚区：系西藏昌都地区，喜马拉雅山脉中段、东段的高山带以及北麓的雅鲁藏布江谷地，主体海拔6000 m，有大面积的冻原和永久冰雪带，气候干寒，垂直变化明显，除在东南部有高山针叶林外，主要是高山草甸和灌丛。兽类以啮齿类和有蹄类为主，如鼠兔、中华鼢鼠、白唇鹿、马鹿、麝、狍等，猕猴在此达到其分布的最高海拔（3700～4200 m）。高山森林和草原中鸟类混杂，有不少喜马拉雅—横断山区鸟类或只见于本亚区局部地区的鸟类，如血雉、白马鸡、环颈雉、红腹角雉、绿尾虹雉、红喉雉鹑、黑头金翅雀、雪鸽、藏雀、朱鹛、藏鹛、黑头噪鸦、灰腹噪鹛、棕草鹛、红腹旋木雀等。爬行类中有青海沙蜥、西藏沙蜥、拉萨岩蜥、喜山岩蜥、拉达克滑蜥、高原蝮、西藏喜山蝮和温泉蛇等，但通常数量稀少。两栖类以高原物种为特色，倭蛙属、齿突蟾属物种为此区域的优势种，常见的还有山溪鲵和几种蟾蜍、异角蟾、湍蛙等。

2. 西南区

西南区包括四川西部山区、云贵高原以及西藏东南缘，以高原山地为主体，从北向南逐渐形成高山深谷和山岭纵横、山河并列的横断山系，主体海拔1000～4000 m，最高的贡嘎山山峰高达7556 m；在云南西部，谷底至山峰的高差可达3000 m以上。分为喜马拉雅亚区和西南山地亚区。

喜马拉雅亚区：其中的喜马拉雅山南坡及波密—察隅针叶林带以下的山区自然垂直变化剧烈，植被也随海拔高度变化而呈现梯度变化，有高山灌丛、草甸、寒漠冰雪带（海拔4200 m以上），山地寒温带暗针叶林带（海拔3800～4200 m），山地暖温带针阔叶混交林带（海拔2300～3800 m），山地亚热带常绿阔叶林带（海拔1100～2300 m），低山热带雨林带（海拔1100 m以下）；自阔叶林带以下属于热带气候。

藏东南高山区的动物偏重于古北界成分，种类贫乏；低山带以东洋界种类占优势，分布狭窄的土著种较丰富。由于雅鲁藏布江伸入到喜马拉雅山主脉北翼，在大拐弯区形成的水汽通道成为东洋界动物成分向北伸延的豁口，亚热带阔叶林、山地常绿阔叶带以东洋界成分较多，东洋界与古北界成分沿山地暗针叶林上缘相互交错。兽类的代表物种有不丹羚牛、小熊猫、麝、塔尔羊、灰尾兔、灰鼠兔；鸟类的代表有红胸角雉、灰腹角雉、棕尾虹雉、褐喉旋木雀、火尾太阳鸟、绿背山雀、杂色噪鹛、红眉朱雀、红头灰雀等；爬行类有南亚岩蜥、喜山小头蛇、喜山钝头蛇；两栖类以角蟾科和树蛙科物种占优，特有种如喜山蟾蜍、齿突蟾属部分物种和舌突蛙属物种。

西南山地亚区：主要指横断山脉。总体海拔 2000 ～ 3000 m，分属于亚热带湿润气候和热带—亚热带高原型湿润季风气候。植被类型主要有高山草甸、亚高山灌丛草甸，以铁杉、槭和桦为标志的针阔叶混交林—云杉林—冷杉林，亚热带山地常绿阔叶林。横断山区不仅是很多物种的分化演替中心，而且也是北方物种向南扩展、南方物种向北延伸的通道，这种相互渗透的南北区系成分，造就了复杂的动物区系和物种组成。

兽类南方型和北方型交错分布明显，北方种类分布偏高海拔带，南方种类分布偏低海拔带。分布在高山和亚高山的代表性物种有滇金丝猴、黑麝、羚牛、小熊猫、大熊猫、灰颈鼠兔等；猕猴、短尾猴、藏酋猴、西黑冠长臂猿、穿山甲、狼、豺、赤狐、貉、黑熊、大灵猫、小灵猫、果子狸、野猪、赤麂、水鹿、北树鼩。有多种菊头蝠和蹄蝠等广泛分布在本亚区；本亚区还是许多食虫类动物的分布中心。

　　繁殖鸟和留鸟以喜马拉雅—横断山区的成分比重较大，且很多为特有种；冬候鸟则以北方类型为主。分布于亚高山的有藏雪鸡、黄喉雉鹑、血雉、红胸角雉、红腹角雉、白尾梢虹雉、绿尾虹雉、藏马鸡、白马鸡以及白尾鹞、燕隼等。黑颈长尾雉、白腹锦鸡、环颈雉栖息于常绿阔叶林、针阔叶混交林及落叶林或林缘山坡草灌丛中。绿孔雀主要分布在滇中、滇西的常绿阔叶林、落叶松林、针阔叶混交林和稀树草坡环境中。灰鹤、黑颈鹤、黑鹳、白琵鹭、大天鹅，以及鸳鸯、秋沙鸭等多种雁鸭类冬天到本亚区越冬，喜在湖泊周边湿地、沼泽以及农田周边觅食。

　　两栖和爬行动物几乎全属横断山型，只有少数南方类型在低山带分布，土著种多。爬行类代表有在山溪中生活的平胸龟、云南闭壳龟、黄喉拟水龟；在树上、地上生活的丽棘蜥、裸耳龙蜥、云南龙蜥、白唇树蜥；在草丛中生活的昆明龙蜥、山滑蜥；在雪线附近生活的雪山蝮、高原蝮；在土壤中穴居生活的云南两头蛇、白环链蛇、紫灰蛇、颈棱蛇；营半水栖生活的八线腹链蛇，生活在稀树灌丛或农田附近的红脖颈槽蛇、银环蛇、金花蛇、中华珊瑚蛇、眼镜蛇、白头蝰、美姑脊蛇、白唇竹叶青、方花蛇等。我国特有的无尾目 4 个属均集中分布在横断山区，山溪鲵、贡山齿突蟾、刺胸齿突蟾、胫腺蛙、腹斑倭蛙等生活在海拔 3000 m 以上的地下泉水出口处或附近的水草丛中；大蹼铃蟾、哀牢髭蟾、筠连臭蛙、花棘蛙、棘肛蛙、棕点湍蛙、金江湍蛙等常生活在常绿阔叶林下的小山溪或溪旁潮湿的石块下，或苔藓、地衣覆盖较好的环境中或树洞中。

3. 华中区

西南地区只涉及华中区的西部山地高原亚区，主要包括秦岭、淮阳山地、四川盆地、云贵高原东部和南岭山地。地势西高东低，山区海拔一般为500～1500 m，最高可超过3000 m。从北向南分别属于温带—亚热带、湿润—半湿润季风气候和亚热带湿润季风气候。植被以次生阔叶林、针阔叶混交林和灌丛为主。

西部山地高原亚区：北部秦巴山的低山带以华北区动物为主，高山针叶林带以上则以古北界动物为主，南部贵州高原倾向于华南区动物，四川盆地由于天然森林为农耕及次生林灌取代，动物贫乏。典型的林栖动物保留在大巴山、金佛山、梵净山、雷山等山区森林中，如猕猴、藏酋猴、川金丝猴、黔金丝猴、黑叶猴、林麝等；营地栖生活的赤腹松鼠、长吻松鼠、花松鼠为许多地区的优势种；岩栖的岩松鼠是林区常见种；毛冠鹿生活于较偏僻的山区；小麂、赤麂、野猪、帚尾豪猪、北树鼩、三叶蹄蝠、斑林狸、中国鼩猬、华南兔较适应次生林灌环境；平原农耕地区常见的是鼠类，如褐家鼠、小家鼠、黑线姬鼠、高山姬鼠、黄胸鼠、针毛鼠或大足鼠、中华竹鼠。本亚区代表性鸟类有灰卷尾、灰背伯劳、噪鹃、大嘴乌鸦、灰头鸦雀、红腹锦鸡、灰胸竹鸡、白领凤鹛、白颊噪鹛等；贵州草海是重要的水禽、涉禽和其他鸟类，如黑颈鹤等的栖息地或越冬地。爬行动物主要有铜蜓蜥、北草蜥、虎斑颈槽蛇、乌华游蛇、黑眉晨蛇、乌梢蛇、王锦蛇、玉斑蛇、紫灰蛇等。本亚区两栖动物以蛙科物种为主，角蟾科次之，是有尾类大鲵属、小鲵属、肥鲵属和拟小鲵属的主要分布区。

4. 华南区

本书涉及的华南区大约为北纬 25°以南的云南、广西及其沿海地区。以山地、丘陵为主，还分布有平原和山间盆地。除河谷和沿海平原外，海拔多为 500 ~ 1000 m。是我国的高温多雨区，主要植被是季雨林、山地雨林、竹林，以及次生林、灌丛和草地。可分为闽广沿海亚区和滇南山地亚区。

闽广沿海亚区：在本书范围内系指广西南部，属亚热带湿润季风气候。地形主要是丘陵以及沿河、沿海的冲积平原。本亚区每年冬季有大量来自北方的冬候鸟，是我国冬候鸟种类最多的地区；其他代表性鸟类有褐胸山鹧鸪、棕背伯劳、褐翅鸦鹃、小鸦鹃、叉尾太阳鸟、灰喉山椒鸟等。爬行类与两栖类区系组成整体上是华南区与华中区的共有成分，以热带成分为标志，如爬行类有截趾虎、原尾蜥虎、斑飞蜥、变色树蜥、长鬣蜥、长尾南蜥、鳄蜥、古氏草蜥、黑头剑蛇、金花蛇、泰国圆斑蝰等，两栖类有尖舌浮蛙、花狭口蛙、红吸盘棱皮树蛙、小口拟角蟾、瑶山树蛙、广西拟髭蟾、金秀纤树蛙、广西瘰螈等。

滇南山地亚区：包括云南西部和南部，是横断山脉的南延部分，高山峡谷已和缓，有不少宽谷盆地出现，属于亚热带—热带高原型湿润季风气候。植被类型主要为常绿阔叶季雨林，有些低谷为稀树草原，本亚区与中南半岛毗连，栖息条件优越。

本亚区南部东洋型动物成分丰富，兽类和繁殖鸟中有一些属喜马拉雅—横断山区成分，但冬候鸟则以北方成分为主。一些典型的热带物种，如兽类中的蜂猴、东黑冠长臂猿、亚洲象、鼷鹿，鸟类中的鹦鹉、蛙口夜鹰、犀鸟、阔嘴鸟等，其分布范围大都以本亚区为北限。热带森林中，优越的栖息条件导致动物优势种类现象不明显，在一定的区域环境内，往往栖息着许多习性相似的种类。食物丰富则有利于一些狭食性和专食性动物，如热带森林中嗜食白蚁的穿山甲，专食竹类和山姜子根茎的竹鼠，以果类特别是榕树果实为食的绿鸠、犀鸟、拟啄木鸟、鹎、啄花鸟和太阳鸟等，以及以蜂类为食的蜂虎。我国其他地方普遍存在的动物活动的季节性变化在本亚区并不明显。

兽类有许多适应于热带森林的物种，如林栖的中国毛猬、东黑冠长臂猿、北白颊长臂猿、倭蜂猴、马来熊、大斑灵猫、亚洲象；在雨林中生活，也会到次生林和稀树草坡休息的印度野牛、水鹿；热带丘陵草灌丛中的小鼷鹿；洞栖的蝙蝠类；热带竹林中的竹鼠等。鸟类的热带物种代表之一是大型鸟类，如栖息在大型乔木上的犀鸟，喜在林缘、次生林及水域附近活动的红原鸡、灰孔雀雉、绿孔雀、水雉；中小型代表鸟类有绿皇鸠、山皇鸠、灰林鸽、黄胸织雀、长尾阔嘴鸟、蓝八色鸫、绿胸八色鸫、厚嘴啄花鸟、黄腰太阳鸟等。喜湿的热带爬行动物非常丰富，陆栖型的如凹甲陆龟、锯缘摄龟；在林下山溪或小河中的山瑞鳖，在大型江河中的鼋；喜欢在村舍房屋缝隙或树洞中生活的壁虎科物种；草灌中的长尾南蜥、多线南蜥；树栖的斑飞蜥、过树蛇；穴居的圆鼻巨蜥、伊江巨蜥、蟒蛇；松软土壤里的闪鳞蛇、大盲蛇；喜欢靠近水源的金环蛇、银环蛇、眼镜蛇、丽纹腹链蛇。本区两栖动物繁多，树蛙科和姬蛙科属种尤为丰富。较典型的代表有生活在雨林下山溪附近的版纳鱼螈、滇南臭蛙、版纳大头蛙、勐养湍蛙。树蛙科物种常见于雨林中的树上、林下灌丛、芭蕉林中，有喜欢在静水水域的姬蛙科物种以及虎纹蛙、版纳水蛙、黑斜线水蛙、黑带水蛙，还有体形

22

特别小的圆蟾浮蛙、尖舌浮蛙等。

三、特点突出的野生动物资源

西南地区由于地理位置特殊、海拔高差巨大、地形地貌复杂，从而形成了从热带直到寒带的多种气候类型，以及相应的复杂而丰富多彩的生境类型，不但让各类动物找到了相适应的环境条件，也孕育了多姿多彩的动物物种多样性和种群结构的特殊性。

1. 物种多样性丰富

我国西南地区的垂直变化从海平面到海拔 8844 m，巨大的海拔高差导致了巨大的气候、植被和栖息地类型变化，从常绿阔叶林到冰川冻原，不同海拔高度的生境类型多呈镶嵌式分布，形成了可孕育丰富多彩的野生动物多样性的环境。世界动物地理区划的东洋界和古北界的分界线正好穿过我国西南地区，两界的动物成分在水平方向和海拔垂直高度两个维度上相互交错和渗透。西南地区成为我国乃至全世界在目、科、属、种及亚种各分类阶元分化和数量都最为丰富的区域。从表 2 可看到，虽然西南地区只占我国陆地面积的 27%，但所分布的已知脊椎动物物种数却占了全国物种总数的 73.4%。

在哺乳动物方面，根据蒋志刚等《中国哺乳动物多样性（第 2 版）》（2017）和《中国哺乳动物多样性及地理分布》（2015）以及其他文献统计，中国已记录哺乳动物 13 目 56 科 251 属 698 种；其中有 12 目 43 科 176 属 452 种分布在西南 6 省（直辖市、自治区），依次分别占全国的 92%、77%、70% 和 65%。在鸟类方面，根据郑光美等《中国鸟类分类与分布名录（第 3 版）》（2017）以及其他文献统计，中国已记录鸟类 26 目 109 科 504 属 1474 种；其中有 25 目 104 科 450 属 1182 种分布在西南地区，依次分别占全国的 96%、95%、89% 和 80%。在爬行类方面，根据蔡波等《中国爬行

表 2　中国西南脊椎动物物种数统计

	哺乳类	鸟类	爬行类	两栖类	合计	占比 (%)
云南	313	952	215	175	1655	52.0
四川	235	690	103	102	1130	35.5
广西	151	633	176	112	1072	33.7
西藏	183	619	79	63	944	29.6
贵州	153	488	102	86	829	26.0
重庆	109	376	41	47	573	18.0
西南	452	1182	350	354	2338	73.4
全国	698	1474	505	507	3184	100

纲动物分类厘定》（2015）和其他文献统计，中国爬行动物已有 3 目 30 科 138 属 505 种，其中 2 目 24 科 108 属 350 种分布在西南地区，依次分别占全国的 67%、80%、78% 和 69%。在两栖类方面，截止到 2019 年 7 月，中国两栖类网站共记录中国两栖动物 3 目 13 科 61 属 507 种，其中有 3 目 13 科 51 属 354 种分布在西南地区，依次分别占全国的 100%、100%、84% 和 70%。我国 34 个省（直辖市、自治区）中，分布于云南、四川和广西的脊椎动物种类是最多的。

2. 特有类群多

由于西南地区自然环境复杂，地形差异大，气候和植被类型多样，地理隔离明显，孕育并发展了丰富的动物资源，其中许多是西南地区特有的。在已记录的 3184 种中国脊椎动物中，在中国境内仅分布于西南地区 6 省（直辖市、自治区）的有 932 种（29.3%）。在已记录的 786 种中国特有种（特有比例24.7%）中，488 种（62.1%）在西南地区有分布，其中 301 种（38.3%）仅分布在西南地区。两栖类的中国特有种比例高达 49.5%，并且其中的 47.7%仅分布在西南地区（表 3）。

表 3　中国脊椎动物（未含鱼类）特有种及其在西南地区的分布

中国物种数	在中国仅分布于西南地区的物种数及百分比（%）	中国特有种数及百分比（%）	中国特有种	
			在西南地区有分布的物种数及百分比（%）	仅分布于西南地区的物种数及百分比（%）
哺乳类 698	201（28.8）	154（22.1）	104（67.5）	53（34.4）
鸟类　1474	316（21.4）	104（7.1）	55（52.9）	10（9.6）
爬行类 505	164（32.5）	174（34.5）	99（56.9）	69（39.7）
两栖类 507	251（49.5）	354（69.8）	230（65.0）	169（47.7）
合计　3184	932（29.3）	786（24.7）	488（62.1）	301（38.3）

在哺乳类中，长鼻目、攀鼩目、鳞甲目，以及鞘尾蝠科、假吸血蝠科、蹄蝠科、熊科、大熊猫科、小熊猫科、灵猫科、獴科、猫科、猪科、鼷鹿科、刺山鼠科、豪猪科在我国分布的物种全部或主要分布于西南地区；我国灵长目 29 个物种中的 27 个、犬科 8 个物种中的 7 个都主要分布于西南地区。全球仅在我国西南地区分布的受威胁物种有：黔金丝猴（CR）、贡山麂（CR）、滇金丝猴（EN）、四川毛尾睡鼠（EN）、峨眉鼩鼹（VU）、宽齿鼩鼹（VU）、四川羚牛（VU）、黑鼠兔（VU）。

在鸟类中，蛙口夜鹰科、凤头雨燕科、咬鹃科、犀鸟科、鹦鹉科、八色鸫科、阔嘴鸟科、黄鹂科、翠鸟科、卷尾科、王鹟科、玉鹟科、燕鵙科、钩嘴鵙科、雀鹛科、扇尾莺科、鹎科、河乌科、太平鸟科、叶鹎科、啄花鸟科、花蜜鸟科、织雀科在我国分布的物种全部或主要分布于西南地区。全球仅在我国西南地区分布的受威胁物种有：四川山鹧鸪（EN）、弄岗穗鹛（EN）、暗色鸦雀（VU）、金额雀鹛（VU）、白点噪鹛（VU）、灰胸薮鹛（VU）、滇鳾（VU）。

在爬行类中，裸趾虎属、龙蜥属、攀蜥属、树蜥属、拟树蜥属、喜山腹链蛇属和温泉蛇属在我国分布的物种全部或主要分布在西南地区。全球仅在我国西南地区分布的受威胁物种有：百色闭壳龟（CR）、云南闭壳龟（CR）、四川温泉蛇（CR）、温泉蛇（CR）、香格里拉温泉蛇（CR）、横纹玉斑蛇（EN）、荔波睑虎（EN）、瓦屋山腹链蛇（EN）、墨脱树蜥（VU）、云南两头蛇（VU）。

在两栖类中，拟小鲵属、山溪鲵属、齿蟾属、拟角蟾属、舌突蛙属、小跳蛙属、费树蛙属、小树蛙属、灌树蛙属和棱鼻树蛙属在我国分布的物种全部或主要分布在西南地区。全球仅在我国西南地区分布的极危物种（CR）有：金佛拟小鲵、普雄拟小鲵、呈贡蝾螈、凉北齿蟾、花齿突蟾；濒危物种（EN）有：猫儿山小鲵、宽阔水拟小鲵、水城拟小鲵、织金瘰螈、普雄齿蟾、金顶齿突蟾、木里齿突蟾、峨眉髭蟾、广西拟髭蟾、原髭蟾、高山掌突蟾、抱龙异角蟾、墨脱异角蟾、花棘蛙、双团棘胸蛙、棘肛蛙、峰斑林蛙、老山树蛙、巫溪树蛙、洪佛树蛙、瑶山树蛙；此外还有43个易危物种（VU）。

3. 受威胁和受关注物种多

虽然西南地区的动物物种多样性非常丰富，但每个物种的丰富度相差极大，大多数物种的生存环境较为脆弱，种群数量偏少、密度较低。加上近年来人类活动的干扰强度不断加大，栖息地遭到不同程度的破坏而丧失或质量下降，导致部分物种濒危甚至面临灭绝的危险。从表4统计的中国脊椎动物红色名录评估结果来看，我国陆生脊椎动物的受威胁物种（极危＋濒危＋易危）占全部物种的19.8%，受关注物种（极危＋濒危＋易危＋近危＋数据缺乏）占全部物种的45.9%，研究不足或缺乏了解物种（数据缺乏＋未评估）占全部物种的19.5%；西南地区与全国的情况相近，无明显差别。从不同类群来看，两栖类的受威胁物种比例最高（35.6%），其次是哺乳类（27.7%）和爬行类（24.3%）。

表4　中国西南脊椎动物（未含鱼类）红色名录评估结果统计

	哺乳类		鸟类		爬行类		两栖类		合计	
	全国	西南	全国	西南	全国	西南	全国	西南	全国	西南
灭绝（EX）	0	0	0	0	0	0	1	1	1	1
野外灭绝（EW）	3	1	0	0	0	0	0	0	3	1
地区灭绝（RE）	3	3	3	1	0	0	1	0	7	4
极危（CR）	55	37	14	9	35	24	13	7	117	77
濒危（EN）	52	36	51	39	37	26	47	30	187	131
易危（VU）	66	52	80	69	65	35	117	89	328	245
近危（NT）	150	105	190	159	78	52	76	54	494	370
无危（LC）	256	155	886	759	177	133	108	79	1427	1126
数据缺乏（DD）	70	32	150	80	66	45	51	40	337	197
未评估（NE）	43	31	100	66	47	35	93	54	283	186
合计	698	452	1474	1182	505	350	507	354	3184	2338
受威胁物种 (%)*	26.4	29.7	10.6	10.5	29.9	27.0	42.8	42.0	21.8	21.1
受关注物种 (%)**	60.0	62.2	35.3	31.9	61.4	57.8	73.4	73.3	50.4	47.4
缺乏了解物种 (%)***	16.2	13.9	17.0	12.4	22.4	22.9	28.4	26.6	19.5	16.4

注：* 指已评估物种中极危、濒危和易危物种的合计；** 指已评估物种中极危、濒危、易危、近危和数据缺乏物种的合计；*** 指已评估物种中数据缺乏和未评估物种的合计。

4. 重要的候鸟迁徙通道和越冬地

全球八大鸟类迁徙路线中，有两条贯穿我国西南地区。一是中亚迁徙路线的中段偏东地带，在俄罗斯中西部及西伯利亚西部、蒙古国，以及我国内蒙古东部和中部草原、陕西地区繁殖的候鸟，秋季时飞过大巴山、秦岭等山脉，穿越四川盆地，经云贵高原的横断山脉向南，有些则飞越喜马拉雅山脉、唐古拉山脉、巴颜喀拉山脉和祁连山脉向南，然后在我国青藏高原南部、云贵高原，或南亚次大陆越冬。这条路线跨越许多海拔 5000 ~ 8000 m 的高山，是全球海拔最高的迁徙线路。二是西亚—东非迁徙路线的中段偏东地带，东起内蒙古和甘肃西部以及新疆大部分地区，沿昆仑山脉向西南进入西亚和中东地区，有些则飞越青藏高原后进入南亚次大陆越冬，还有部分鸟类继续飞越印度洋至非洲越冬。

我国西南地区不仅是候鸟迁飞的重要通道和中间停歇地，也是许多鸟类的重要越冬地，西南地区记录的 41 种雁形目鸟类中，有 30 多种是每年从北方飞来越冬的冬候鸟。在西藏等地区，除可以看到长途迁徙的大量候鸟外，还有像黑颈鹤那样，春季在青藏高原的高海拔地区繁殖，秋季迁徙到距离不远的低海拔河谷地区避寒越冬的种类，形成独特的区内迁徙。

四、生物多样性保护的全球热点

西南地区是我国少数民族的主要聚居地，各民族都有自己悠久的历史和丰富多彩的文化，在不同的生活环境和条件下，不同民族创造并以适合自己的方式繁衍生息。在长期的生活和生产活动中，许多民族逐渐认识并与自然和动物建立了紧密联系，产生了朴素的自然保护意识。如藏族人将鹤类，以及胡兀鹫、秃鹫、高山兀鹫等猛禽奉为"神鸟"；傣族人把孔雀和鹤，阿昌人把白腹锦鸡，白族人把鹤敬为"神鸟"而加以保护。但由于西南地区山高谷深、交通闭塞、生产力低下，直到20世纪中后期，仍有边疆少数民族依靠采集野生植物和猎捕鸟兽来维持生计，野生动物是其食物蛋白的重要来源或重要的治病药材，导致一些动物特别是大型脊椎动物的数量不断下降。特别是在20世纪50年代以后，在经济和社会发展迅速、人口迅猛增加的同时，野生动植物也成为商品而产生了大量交易，西南地区出现了严重的乱砍滥伐和乱捕滥猎等问题，野生动物栖息地不断遭到损毁，野生动物生存空间日益缩小，动物种群数量不断下降，有的甚至遭到了灭顶之灾。如因昆明滇池1969年开始进行"围湖造田"，加上城市污水直排入湖等原因，导致了生活于滇池周边的滇螈因失去产卵场所和湖水严重污染而灭绝。

为此，中国政府自20世纪80年代开始，将生物多样性保护列入了基本国策，签署和加入了一系列国际保护公约，颁布实施了多部法律或法规，将生态系统和生物多样性保护纳入法律体系内。我国西南地区相继有一批重要地点被列入全球或全国的重要保护项目或计划中（表5、表6），从而使这些独特而重要的地点依法、依规得到了保护。特别是在21世纪到来之际，中国在开始实施西部大开发战略的同时，还启动了天然林保护工程、退耕还林工程、野生动植物保护及自然保护区建设工程、长江中上游防护林体系建设工程等多项环境和生物多样性保护的重大工程，西南地区在其中都是建设的重点，并取得了许多重要进展，西南地区生物多样性下降的总体趋势有所减缓，但还未得到完全有效的遏制。西南地区是我国社会和经济发展较为落后的贫困区，但同时也是发展最为迅速的区域，在2013—2018年这6年中，我国大陆31个省（直辖市、自治区）的GDP增速排名前三的省（直辖市、自治区）基本都出自西南地区，伴随而来的是人类活动强度不断增加，自然环境受到的干预和破坏不断加速加重，导致了栖息地退化或丧失、环境污染现象，再加上气候变化、外来物种入侵的影响，这一区域的生命支持系统正在承受着前所未有的压力。例如在2000—2010年，如果我们仅关注林地面积减少（与林地增长分别统计），云南、广西、四川的林地丧失面积分别排名全国第1、2、4位，广西、贵州的年均林地丧失率排名全国第1、3位。

拥有丰富、多样而独特的资源本底，加上正在经历历史上最快速的变化，我国西南地区的环境和生物多样性保护受到了国内外的高度关注，在全球36个生物多样性保护热点地区中，涉及我国的有3个——印缅地区、中国西南山地和喜马拉雅，它们在我国的范围全部都位于西南地区（表5）。我国在西南地区建立了102个国家级自然保护区（表6），约占全国国家级自然保护区总面积的45%。野生动物资源保护事关生态安全和社会经济的可持续发展。我国正从环境付出和资源输出型大国向依靠科技力量保护环境和可持续利用自然资源的发展方式转型。生态文明建设成为国家总体战略布局的重要组成部分，本着尊重自然、顺应自然、保护自然，绿水青山就是金山银

表 5　中国西南 6 省（直辖市、自治区）被列入全球重要保护项目或计划的地点

类别	数量		名称（所属省、直辖市、自治区）
	全国	西南	
世界文化自然双重遗产	4	1	峨眉山—乐山大佛风景名胜区（四川）
世界自然遗产	13	8	黄龙风景名胜区（四川）、九寨沟风景名胜区（四川）、大熊猫栖息地（四川）、三江并流保护区（云南）、中国南方喀斯特（云南、贵州、重庆、广西）、澄江化石遗址（云南）、中国丹霞（包括贵州赤水、福建泰宁、湖南崀山、广东丹霞山、江西龙虎山、浙江江郎山等 6 处）、梵净山（贵州）
世界生物圈保护区	34	11	卧龙（四川）、黄龙（四川）、亚丁（四川）、九寨沟（四川）、茂兰（贵州）、梵净山（贵州）、珠穆朗玛（西藏）、高黎贡山（云南）、西双版纳（云南）、山口红树林（广西）、猫儿山（广西）
世界地质公园	39	7	石林（云南）、大理苍山（云南）、织金洞（贵州）、兴文石海（四川）、自贡（四川）、乐业—凤山（广西）、光雾山—诺水河（四川）
国际重要湿地	57	11	大山包（云南）、纳帕海（云南）、拉市海（云南）、碧塔海（云南）、色林错（西藏）、玛旁雍错（西藏）、麦地卡（西藏）、长沙贡玛（四川）、若尔盖（四川）、北仑河口（广西）、山口红树林（广西）
全球生物多样性保护热点地区	3	3	印缅地区（西藏、云南）、中国西南山地（云南、四川）、喜马拉雅（西藏）

表 6   中国西南 6 省（直辖市、自治区）已建立的国家级自然保护区

地名	数量	名称
广西壮族自治区	23	银竹老山资源冷杉、七冲、邦亮长臂猿、恩城、元宝山、大桂山鳄蜥、崇左白头叶猴、大明山、千家洞、花坪、猫儿山、合浦营盘港—英罗港儒艮、山口红树林、木论、北仑河口、防城金花茶、十万大山、雅长兰科植物、岑王老山、金钟山黑颈长尾雉、九万山、大瑶山、弄岗
重庆市	6	五里坡、阴条岭、缙云山、金佛山、大巴山、雪宝山
四川省	32	千佛山、栗子坪、小寨子沟、诺水河珍稀水生动物、黑竹沟、格西沟、长江上游珍稀特有鱼类、龙溪—虹口、白水河、攀枝花苏铁、画稿溪、王朗、雪宝顶、米仓山、唐家河、马边大风顶、长宁竹海、老君山、花萼山、蜂桶寨、卧龙、九寨沟、小金四姑娘山、若尔盖湿地、贡嘎山、察青松多白唇鹿、长沙贡玛、海子山、亚丁、美姑大风顶、白河、南莫且湿地
云南省	20	乌蒙山、云龙天池、元江、轿子山、会泽黑颈鹤、哀牢山、大山包黑颈鹤、药山、无量山、永德大雪山、南滚河、大围山、金平分水岭、黄连山、文山、西双版纳、纳板河流域、苍山洱海、高黎贡山、白马雪山
贵州省	10	佛顶山、宽阔水、习水中亚热带常绿阔叶林、赤水桫椤、梵净山、麻阳河、威宁草海、雷公山、茂兰、大沙河
西藏自治区	11	麦地卡湿地、拉鲁湿地、雅鲁藏布江中游河谷黑颈鹤、类乌齐马鹿、芒康滇金丝猴、珠穆朗玛峰、羌塘、色林错、雅鲁藏布大峡谷、察隅慈巴沟、玛旁雍错湿地
合计	102	

注：至 2018 年，我国有国家级自然保护区 474 个。

山的理念，我国正在加紧实施重要生态系统保护和修复重大工程，并在脱贫攻坚战中坚持把生态保护放在优先位置，探索生态脱贫、绿色发展的新路子，让贫困人口从生态建设与修复中得到实惠。面对我国野生动植物资源保护的严峻形势，面对生态文明建设和优化国家生态安全屏障体系的新要求，西南地区野生动物保护工作任重而道远，需要政府、科学家和公众共同携手努力，才能确保野生动植物资源保护不仅能造福当代，还能惠及子孙，为实现中国梦和建设美丽中国做出贡献！

五、本书概况

本丛书分为 5 卷 7 本，以图文并茂的方式逐一展示和介绍了我国西南地区 2000 多种有代表性的陆栖脊椎动物和昆虫。每个物种都配有 1 幅以上精美的原生态图片，介绍或描述了每个物种的分类地位、主要识别特征、濒危或保护等级、重要的生物学习性和生态学特性，有的还涉及物种的研究史、人类利用情况和保护现状与建议等。哺乳动物卷介绍了 11 目 30 科 76 属 115 种，为本区域已知物种的 26%；鸟类卷（上、下）介绍了已知鸟类 20 目 89 科 347 属 761 种，为本区域已知物种的 64%；爬行动物卷介绍了爬行动物 2 目 22 科 90 属 230 种，其中有 2 个属、13 种蜥蜴和 2 种蛇为本书首次发表的新属或新种，为本区域已知物种的 66%；两栖动物卷介绍了 294 种，为本区域已知物种的 77%。以上 5 卷合计介绍了本区域已知陆栖脊椎动物的 60%。昆虫卷（上、下）介绍了西南地区 620 种五彩缤纷的昆虫。《前言》部分介绍了造就我国西南地区丰富的物种多样性的自然环境和条件，复杂的动物地理区系，以及本区域野生动物资源的突出特点，强调了地形地貌

34

和气候的复杂性是形成西南地区野生动物多样性和特殊性的主要原因，并对本区域动物多样性保护的重要性进行了简要论述。

本书是在国内外众多科技工作者辛勤工作的大量成果基础上编写而成的。本书采用的分类系统为国际或国内分类学家所采用的主流分类系统，反映了国际上分类学、保护生物学等研究的最新成果，具体可参看每一卷的《后记》。本书主创人员中，有的既是动物学家也是动物摄影家。由于珍稀濒危动物大多分布在人迹罕至的荒野，或分布地极其狭窄，或对人类的警戒性较强，还有不少物种人们对其知之甚少，甚至还没有拍到过原生态照片，许多拍摄需在人类无法生存的地点进行长时间追踪或蹲守，因而本书非常难得地展示了许多神秘物种的芳容，如本书发表的 13 种蜥蜴和 2 种蛇新种就是首次与读者见面。作为展示我国西南地区博大深邃的动物世界的一个窗口，本书每幅精美的图片记录的只是历史长河中匆匆的一瞬间，但只要用心体会，就可窥探到其暗藏的故事，如动物的行为状态、栖息或活动场所等，从中可以看出动物的喜怒哀乐、栖息环境的大致现状等。我们真诚地希望本书能让更多的公众进一步认识和了解野生动物的美，以及它们的自然价值和社会价值，认识和了解到有越来越多的野生动物正面临着生存的危机和灭绝的风险，唤起人们对野生动物的关爱，激发越来越多的公众主动投身到保护环境、保护生物多样性、保护野生动物的伟大事业中，为珍稀濒危动物的有效保护做贡献。

衷心感谢北京出版集团对本书选题的认可和给予的各种指导与帮助，感谢中国科学院战略性先导科技专项 XDA19050201、XDA20050202 和

35

XDA 23080503 对编写人员的资助。我们谨向所有参与本书编写、摄影、编辑和出版的人员表示衷心的感谢，衷心感谢季维智院士对本书编写工作给予的指导并为本书作序。由于编著者学识水平和能力所限，错误和遗漏在所难免，我们诚恳地欢迎广大读者给予批评和指正。

2020年3月于昆明

《前言》主要参考资料

【01】IUCN. The IUCN Red List of Threatened Species. 2019.

Version 2019-1[DB]. https://www.iucnredlist.org.

【02】蔡波，王跃招，陈跃英，等 . 中国爬行纲动物分类厘定 [J]. 生物

多样性，2015, 23(3): 365-382.

【03】蒋志刚，江建平，王跃招，等 . 中国脊椎动物红色名录 [J]. 生物

多样性，2016, 24(5): 500-551.

【04】蒋志刚，刘少英，吴毅，等 . 中国哺乳动物多样性（第 2 版）[J].

生物多样性，2017, 25 (8): 886-895.

【05】蒋志刚，马勇，吴毅，等 . 中国哺乳动物多样性及地理分布 [M].

北京 : 科学出版社 , 2015.

【06】张荣祖 . 中国动物地理 [M]. 北京 : 科学出版社 , 1999.

【07】郑光美，主编 . 中国鸟类分类与分布名录（第 3 版）[M]. 北京 : 科

学出版社 , 2017.

【08】中国科学院昆明动物研究所 . 中国两栖类信息系统 [DB].

2019.http://www.amphibiachina.org.

目录

38

40

41

43

46

双尾目
DIPLURA

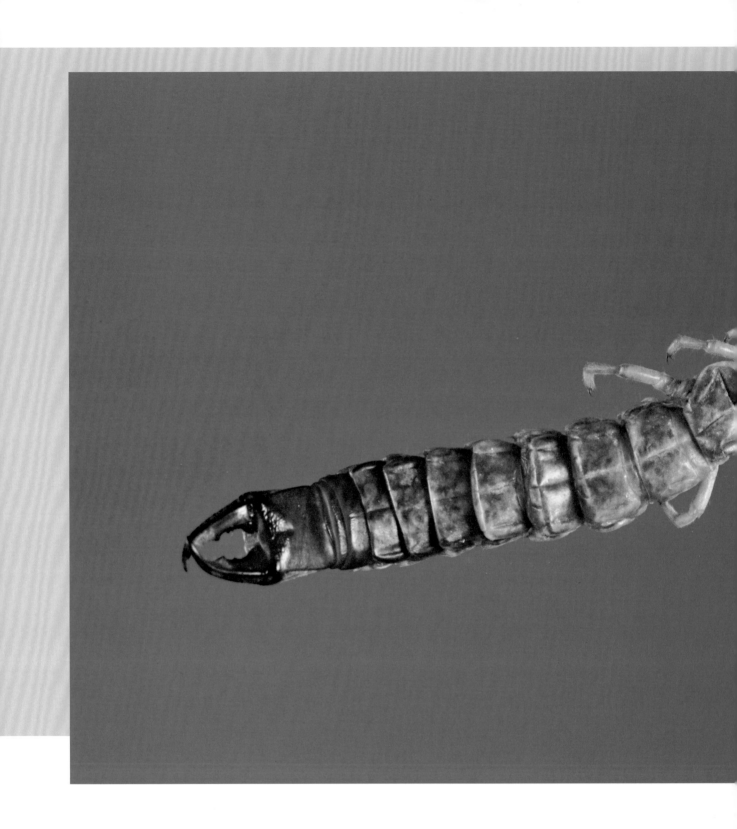

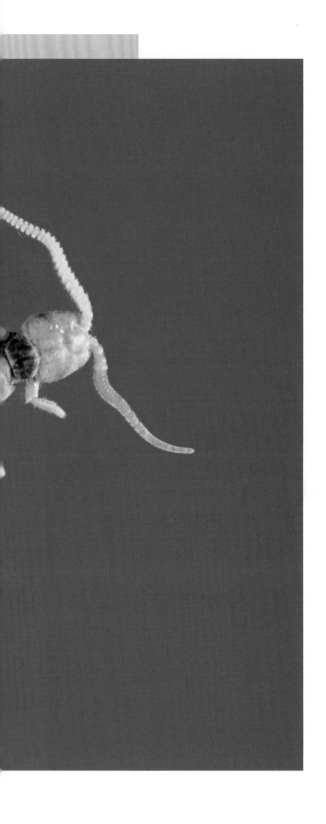

伟铗虮
Atlasiapyx atlas

　　体形细长，体长约47 mm，是双尾目昆虫中体形最大的一类。既无复眼，也无单眼，属于原始的无翅昆虫。触角多节，呈丝状。有1对分节的尾须或不分节的尾铗。一般生活于土壤表面的枯枝落叶下以及腐烂的树干或石头缝隙中。杂食性，以腐殖质、菌类和微小动物为食。图示为液浸标本照片，1982年采集于四川省甘孜藏族自治州乡城县，保存于国家动物博物馆。

铗虮科　Japygidae
中国保护等级：Ⅱ级
拍摄地点：北京（国家动物博物馆标本馆）
拍摄时间：2003年12月

蜻蜓目
ODONATA

蓝额疏脉蜻
Brachydiplax chalybea

　　成虫腹长24~27 mm，后翅长29~31 mm。体小型到中型。额和后头蓝色，有金属光泽。雄虫额顶青蓝光亮，合胸侧面有2条黑纹，翅基部橙褐色，合胸的背前方和腹部背面都具蓝灰至苍白色的粉末，腹部后半段黑色。雌虫体较小，腹部黑黄色相间。图示为雄虫。成虫的发生期在4—10月，生活于湖泊、沼泽等静水环境。在我国分布于广西、云南、广东、上海、海南、台湾等地。

蜻科　Libellulidae
世界自然保护联盟（IUCN）评估等级：无危（LC）
拍摄地点：广东省东莞市
拍摄时间：2008年8月17日

截斑脉蜻
Neurothemis tullia

　　雄虫腹长约19 mm，后翅长约20 mm。头部面色有个体差异，有的几乎全黑，有的颜色较淡。前胸褐色，合胸背前方褐色，密布细毛。翅色独特，易于辨认。除前缘室色较淡外，其余全为深褐色，在褐色的后方靠近翅前缘处具一乳白色斑，翅端半部无色透明。腹部褐色，第10节黄褐色。肛附器白色。雌虫除翅色与雄虫有差异外，其余基本相同。图示为雄虫。在我国分布于云南、广西、广东、海南、浙江、福建等地。

蜻科 Libellulidae
世界自然保护联盟（IUCN）评估等级：无危（LC）
拍摄地点：广东省东莞市
拍摄时间：2008年8月17日

粗灰蜻
Orthetrum cancellatum

　　雌虫腹长约30 mm，后翅长约32 mm。合胸浅蓝灰色，腹部黄色，背面靠外缘可见左右两条黑纹，肛附器黑色。成虫发生期在4—7月，生活于山区的溪流环境。图示为雌虫。在我国分布于贵州、广东、江西等地。

蜻科 Libellulidae
世界自然保护联盟（IUCN）评估等级：无危（LC）
拍摄地点：广东省惠州市博罗县（象头山国家级自然保护区）
拍摄时间：2008年7月3日

黑尾灰蜻
Orthetrum glaucum

　　成虫腹长约45 mm，后翅长约40 mm。雄虫胸部黑色至灰蓝色，翅透明，翅基部有少量褐斑，腹背蓝灰色，腹部末端黑色。雌虫胸部金黄色，侧面具淡褐色至黑褐色条纹。未成熟雄虫胸部黑色，侧面具2条米黄色斜纹，腹背大部分蓝灰色。老熟雄虫几乎全身具蓝灰色粉末，仅腹部末端黑色。在我国分布于云南、广东等地。

蜻科 Libellulidae
世界自然保护联盟（IUCN）评估等级：无危（LC）
拍摄地点：广东省惠州市博罗县（象头山国家级自然保护区）
拍摄时间：2008年7月3日

褐肩灰蜻
Orthetrum japonicum internum

　　成虫腹长约35 mm，后翅长约32 mm。雄虫合胸侧面黑色，具2条黄色的斜向宽纹，合胸背前方及腹部背面具蓝灰色粉末。雌虫合胸黑色，侧面具2条黄色斜纹，腹部黑色，背面及两侧具鲜明的黄色斑纹。图示为雄虫。在我国分布于广西、四川、云南、广东、江苏、浙江、福建、海南等地。

蜻科 Libellulidae
世界自然保护联盟（IUCN）评估等级：无危（LC）
拍摄地点：广东省惠州市博罗县（象头山国家级自然保护区）
拍摄时间：2008年7月3日

吕宋灰蜻
Orthetrum luzonicum

　　成虫腹长33～41 mm，后翅长36～42 mm。雄虫身体蓝灰色，腹部末端2节蓝灰色或蓝黑色，翅透明，翅痣黄色。雌虫胸部及腹部黄褐色，合胸侧面具1条黑褐色的斜纹。雌虫体色与未成熟雄虫近似。栖息于低海拔山区中水草丰茂的池塘、水田等环境。图示为雄虫。在我国分布于广西、贵州、云南、广东、台湾等地。

蜻科 Libellulidae
世界自然保护联盟（IUCN）评估等级：无危（LC）
拍摄地点：广东省惠州市博罗县（象头山国家级自然保护区）
拍摄时间：2008年7月3日

鼎异色灰蜻
Orthetrum triangulare

　　成虫腹长约32 mm，后翅长约30 mm。雄虫头胸黑色，腹部第2～6节及第7节前半段蓝灰色，末节黑色。雌虫黄褐色，合胸侧面有2条宽黑纹，腹部具有淡褐色斑。图示为雄虫。在我国分布于云南、广西、四川、广东等地。

蜻科 Libellulidae
世界自然保护联盟（IUCN）评估等级：无危（LC）
拍摄地点：云南省文山壮族苗族自治州麻栗坡县
拍摄时间：2018年4月23日

狭腹灰蜻
Orthetrum sabina

　　成虫体长36～37 mm，后翅长34～35 mm。头部黄色，头顶和后头黑褐色，后胸黄色，背条纹褐色，侧面第1、3条条纹深褐色，完整，第2条条纹淡褐色，中间间断。翅透明，翅痣赤黄色。合胸绿色至黄绿色并具黑纹，腹部第1、2节膨大，色彩与胸部类似，其余各节较细并具白斑。雌虫与雄虫近似。图示为雄虫。成虫发生期为2—11月。捕食性，行动机敏，常在宽阔地的草丛活动。在我国南方广泛分布。

蜻科 Libellulidae
世界自然保护联盟（IUCN）评估等级：无危（LC）
拍摄地点：广西壮族自治区崇左市扶绥县（白头叶猴国家级自然保护区）
拍摄时间：2014年8月1日

赤褐灰蜻
Orthetrum pruinosum neglectum

　　成虫腹长29～32 mm，后翅长37～40 mm，翅痣3 mm。体中型，粗壮，赤褐色。雄虫的头胸部黑褐色，腹部洋红略带紫色，翅基部有小黑斑。雌虫全身黄褐色，腹侧缘具黑斑，翅基部金黄色。图示为雄虫。成虫的发生期在2—12月，常停歇于山区的山涧溪流边或道路边。在我国分布于大部分地区。

蜻科 Libellulidae
世界自然保护联盟（IUCN）评估等级：无危（LC）
拍摄地点：北京市密云区（桃源仙谷自然风景区）
拍摄时间：2008年9月28日

小黄赤蜻
Sympetrum kunckeli

　　成虫腹长22~25 mm，后翅长24~27 mm。体小型，黄色或红色。合胸背面具黑色三角形斑纹及2条宽条纹。雌虫头部前额上有2个小黑斑，合胸黄色至黄褐色，左右各有1条黑纹，侧面大部分黄色，具有不规则的黑碎纹，腹部橙色至深黄色，且第3~9腹节侧面有黑斑。雄虫额头黄白色，老熟时转为青白色且腹部为深红色。在我国分布于四川、北京、河北、河南、山东、山西、江西、江苏、上海、浙江、湖北、湖南、福建等地。

蜻科 Libellulidae
世界自然保护联盟（IUCN）评估等级：无危（LC）
拍摄地点：河北省张家口市蔚县（小五台山国家级自然保护区）
拍摄时间：2005年8月22日

黄基赤蜻
Sympetrum speciosum

　　成虫腹长约27 mm，后翅长约32 mm。雄虫深红色，合胸侧面具2条宽黑纹，翅基部有较大的红至橙红色斑。雌虫黄色至橙色，翅基部的色斑为金黄色，腹部侧面具斑纹。图示为雄虫。在我国分布于云南、广西、四川、重庆、北京、河北、河南、广东、台湾等地。

蜻科 Libellulidae
世界自然保护联盟（IUCN）评估等级：无危（LC）
拍摄地点：云南省文山壮族苗族自治州麻栗坡县
拍摄时间：2018年4月24日

庆褐蜻
Trithemis festiva

　　成虫腹长约25 mm，后翅长约31 mm。体小型，灰黑色。雄虫额顶具黑褐色金属光泽，合胸蓝灰色至蓝黑色，翅基部具红褐小斑；腹部以蓝黑色为主，第4～7节背中线两侧具新月形黄斑，老熟个体此黄斑有退化迹象。雌虫身体橄榄绿色具黑斑纹。图示为雄虫。在我国分布于云南、广西、浙江、广东、海南、台湾等地。

蜻科 Libellulidae
世界自然保护联盟（IUCN）评估等级：无危（LC）
拍摄地点：云南省文山壮族苗族自治州麻栗坡县
拍摄时间：2018年4月24日

紫闪色螅
Caliphaea consimilis

　　成虫腹长32~39 mm，后翅长31~33 mm。体中型，翅透明，前后翅有明显的翅柄，翅端有黑色的翅痣，雌雄体色大致相同，并且都具有绿色的金属光泽。在合胸的后方有一狭长的绿色斑纹被黄色斑纹所环绕，成熟的雄虫腹部末端具有白色粉末。图示为雄虫。在我国分布于贵州、云南、四川、浙江、湖北、福建等地。

色螅科 Calopterygidae
世界自然保护联盟（IUCN）评估等级：无危（LC）
拍摄地点：贵州省遵义市绥阳县（宽阔水国家级自然保护区）
拍摄时间：2010年8月12日

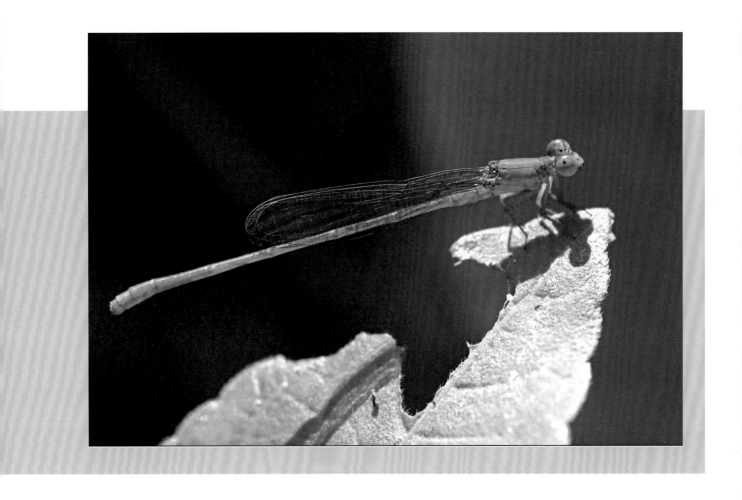

翠胸黄蟌
Ceriagrion auranticum

　　成虫腹长30～35 mm，后翅长20～23 mm。雄虫复眼与合胸都为绿色，复眼后方为橙色，腹部橙红色。成虫的发生期在3—10月，栖息于挺水植物多的静水环境。图示为雄虫。在我国分布于广西、广东、浙江、福建、海南等地。

蟌科 Coenagrionidae
世界自然保护联盟（IUCN）评估等级：无危（LC）
拍摄地点：广东省惠州市博罗县（象头山国家级自然保护区）
拍摄时间：2008年7月3日

褐斑异痣蟌
Ischnura senegalensis

　　成虫腹长约25 mm，后翅长约15 mm。雄虫头顶及后头黑色，具2个蓝色、圆形的小型单眼后色斑。下唇淡黄色，上唇淡蓝色，基部具黑色窄横条纹。翅透明，前翅翅痣大，黄褐色，后翅翅痣小，黄色。腹部第1～7节背面黑色，两侧淡黄绿色；第8节暗绿色；第9节背面黑色，两侧暗绿色；第10节背面黑色，两侧淡黄色。雌虫则有同色型、橙色型和异色型3种色型。同色型的雌虫体色、斑纹与雄虫几无差别；橙色型的雌虫合胸部的侧面为橙色；异色型的雌虫身体黄绿色，合胸前方黑色，腹部黄绿色背面黑色。图示为雌雄交尾中。在我国分布于广西、四川、云南、北京、福建、湖南、广东等地。

蟌科 Coenagrionidae
世界自然保护联盟（IUCN）评估等级：无危（LC）
拍摄地点：北京市海淀区（翠湖国家城市湿地公园）
拍摄时间：2006年9月4日

四斑长腹扇螅
Coeliccia didyma

　　成虫腹长38～41 mm，后翅长25～27 mm。头顶黑色，侧单眼到触角之间具淡绿色斑。后头黑色，后头缘两侧各具一黄色斑。下唇黄色。上唇黑色光亮，前缘黄褐色，被褐色毛。合胸黑色，具淡蓝色条纹。中胸后侧片与后胸前侧片之间具淡蓝色宽纹，后胸后侧片淡蓝色。翅白色透明，翅痣黄褐色，下面覆盖了2个翅室。腹部黑色，第7节后下方有蓝色斑点，第8～10节几乎全为蓝色。腹部末端蓝斑的分布可与近似的黄纹长腹扇螅雄虫相区分，雌虫的斑纹为黄色，但分布与雄虫相似。图示为雄虫。在我国分布于广西、四川、河南、湖南、湖北、江西、福建、广东等地。

扇螅科 Platycnemididae
世界自然保护联盟（IUCN）评估等级：无危（LC）
拍摄地点：江西省九江市庐山市（庐山风景区）
拍摄时间：2010年7月27日

70

白狭扇螅

Copera annulata

　　成虫腹长36～37 mm，后翅长22～25 mm。未成熟的雌雄虫体多为黄色，成熟的雄虫合胸黑色并有蓝白条纹，中、后足胫节白色，稍微有些膨大，翅痣为红色，腹部黑色，第3～6节基部为蓝白色，第9～10节大部分为蓝白色。成虫的发生期在4—10月，栖息于平原或低山地区水草丰茂的环境。图示为雄虫。在我国分布于贵州、四川、北京、福建、广东等地。

扇螅科 Platycnemididae
世界自然保护联盟（IUCN）评估等级：无危（LC）
拍摄地点：贵州省黔东南苗族侗族自治州雷山县（雷公山国家级自然保护区）
拍摄时间：2005年6月1日

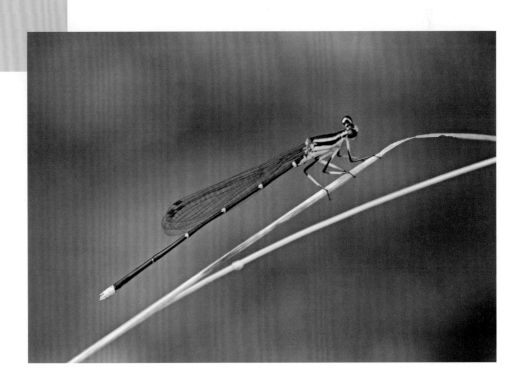

黄狭扇螅
Copera marginipes

　　成虫腹长约31 mm，后翅长约20 mm。雄虫合胸黑色具黄纹，足黄色，中、后足胫节稍膨大呈柳叶状，腹部第1节黄色，背面具褐色斑，第3～6节除基部小部分褐色外都被白粉，第7节基半部和第8～10节均被白粉。雌虫体显苍白。图示为雄虫。在我国分布于云南、浙江、福建、广东、海南等地。

扇螅科 Platycnemididae
世界自然保护联盟（IUCN）评估等级：无危（LC）
拍摄地点：云南省红河哈尼族彝族自治州金平苗族瑶族傣族自治县
拍摄时间：2018年4月18日

乌微桥原螅
Prodasineura autumnalis

　　成虫腹长约31 mm，后翅长约19 mm。雌虫通体黑色，腹部纤细，各腹节相接处有微弱的白色环纹，尾须尖端黄白色。雌虫除合胸背前方具黄色条纹外，其余色彩与雄虫类似。图示为雌虫。成虫的发生期在3—12月，生活于平原地区挺水植物繁茂的池塘、湖泊。在我国分布于云南、广东、福建、浙江、海南等地。

原螅科 Protoneuridae
世界自然保护联盟（IUCN）评估等级：无危（LC）
拍摄地点：广东省深圳市龙岗区（大鹏半岛国家地质公园）
拍摄时间：2010年8月24日

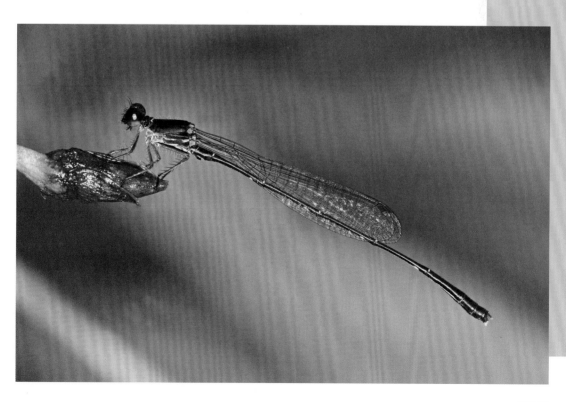

直翅目
ORTHOPTERA

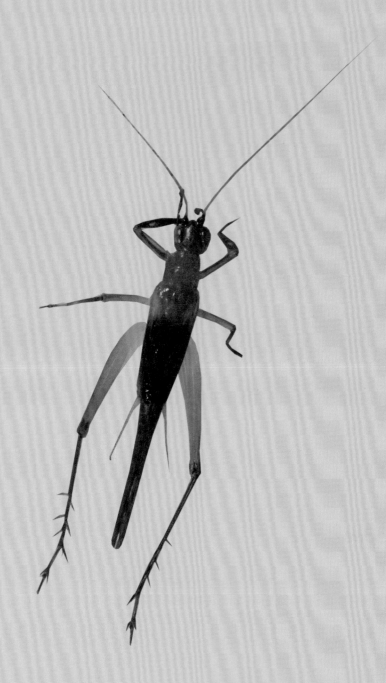

赤胸墨蛉蟋
Homoeoxipha lycoides

　　体形偏小。头、胸略有红褐色。头较小。触角细长，褐色，基部粗大。前胸背板小，梯形，赤黑色。头和前胸背板具毛。前翅基部红色，翅面有4块深色斑纹。翅末端略超过腹部末端。后足股节外侧常具1条深褐色纹。杂食性。喜欢栖息于略潮湿的荫凉环境。雄虫鸣叫求偶。

蟋蟀科 Gryllidae
拍摄地点：云南省红河哈尼族彝族自治州金平苗族瑶族傣族自治县
拍摄时间：2018年4月18日

额蟋
Itara sp.

　　体形中等。身体呈梭形。体色以深褐色为主。头较小，额突前端较窄，触角细长。各足的股节端部、胫节和跗节为黑色。前翅背面有网状翅脉，后翅末端超过前翅。尾丝基部颜色稍浅，向端部逐渐加深。在我国分布于云南、广东等地。

蟋蟀科 Gryllidae
拍摄地点：广东省惠州市博罗县（象头山国家级自然保护区）
拍摄时间：2008年7月3日

叶状厚露螽
Baryprostha foliacea

　　雄虫体长约27 mm，雌虫体长31～33 mm。体绿色。颜面呈水平向突出，与头顶相接触。复眼卵形。触角长。前胸背板长大于宽，侧叶长大于高，后缘肩凹明显，边缘具细齿，背面扁平。前足胫节听器内外两侧均为开放性。翅宽大，前翅膜质。植食性，拟态树叶，很难被发现。在我国分布于云南、海南等地。

露螽科 Phaneropteridae
拍摄地点：海南省五指山市（五指山国家级自然保护区）
拍摄时间：1997年6月

78

绿背覆翅螽
Tegra novaehollandiae viridinotata

身体较小，体色为灰褐色或棕褐色，并带有一些不规则的黑斑。头部呈锥形，头顶远突出于复眼前缘；触角黑棕色与淡色环纹交替组合。前胸背板前缘有2个小的瘤突。前翅整个翅面较粗糙，长度远超过后足腿节端部；翅室内有明显的褶皱；后翅明显长于前翅。雌虫的产卵器呈红棕色，基部为深褐色。在我国分布于云南、广西、贵州、四川、陕西、浙江、湖北、福建、广东等地。

拟叶螽科 Pseudophyllidae
拍摄地点：云南省保山市隆阳区（高黎贡山国家级自然保护区）
拍摄时间：1992年5月20日

绿树螽
Togona unicolor

　　体色为绿色。前翅翅形和纹理拟叶。触角细长，长于体长；触角窝周缘强烈隆起。头顶向前突出，头宽短于触角第1节的长度。腿节背面有纵隆线，跗节3节。产卵器呈马刀形。雄性前翅有发音器。在我国分布于广西、贵州、海南、江西、湖南、福建、台湾等地。

拟叶螽科 Pseudophyllidae
拍摄地点：海南省五指山市（五指山国家级自然保护区）
拍摄时间：1997年6月上旬

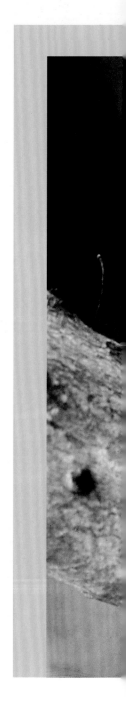

长翅纺织娘
Mecopoda sp.

　　体色为棕褐色或绿色。触角长于体长。前胸背板侧片上部黑色，胸部听器通常发达，雄虫前翅有发音器。后足腿节基部极度膨大，后足胫节背面有短距，第1、2跗节有侧沟。雌虫产卵器呈剑状。在我国分布于广西、四川、云南、海南、江苏、福建、台湾、广东。

纺织娘科　Mecopodidae
拍摄地点：海南省五指山市（五指山国家级自然保护区）
拍摄时间：1997年5月下旬

82

83

圆叶吟螽
Phlugiolopsis circolobosis

　　头顶圆锥形，端部钝圆，背面具纵沟；复眼椭球形，明显突出；下颚须端部明显膨大；后头具4条褐色或黑色纵带。前胸背板前缘较直，后缘向后突出。前足基节具一刺，各足股节腹面均缺刺，前、中足胫节腹面具刺。翅短，几乎被前胸背板覆盖。雄性尾须形状各异。雌性下生殖板宽大于长；产卵瓣稍向背方弯曲，腹板具端沟。

螽斯科 Tettigoniidae
拍摄地点：云南省红河哈尼族彝族自治州屏边苗族自治县（大围山国家级自然保护区）
拍摄时间：2013年8月16日

84

大斑外斑腿蝗
Xenocatantops humilis

　　小型蝗虫，雄虫体长20～24 mm，雌虫体长30～34 mm。体黄褐色至暗褐色。头部短于前胸背板，头顶略向前倾斜。前胸侧面至后胸有1条淡色条纹。前翅狭长，超过后足股节顶端甚远。后足股节外侧黄色，具2个大型黑色斑纹，内侧橙红色。在我国分布于广西、云南、广东、海南等地。

斑腿蝗科 Catantopidae
拍摄地点：广西壮族自治区崇左市
拍摄时间：2014年9月19日

中华稻蝗
Oxya chinesis

　　雄虫体长25～30 mm，雌虫体长28～35 mm。体黄绿色或者黄褐色，有光泽。头较大，头顶两侧在复眼后方有1条黑褐色纵带，经过前胸背板两侧，直达前翅基部。前翅腹板呈圆锥状，前翅长度超过后足股节末端。植食性，以水稻叶片、茎秆及谷粒为食。常见于稻田、草地。活动能力强，具趋光性。在我国分布于广西、贵州、四川、云南、北京、天津、河北、河南、湖北、湖南、江苏、江西、内蒙古、山西、陕西、福建、浙江、广东、海南、香港等地。

斑腿蝗科 Catantopidae
拍摄地点：河北省张家口市蔚县（小五台山国家级自然保护区）
拍摄时间：2005年8月22日

多恩乌蜢
Erianthus dohrni

　　颜色特异的小型蝗虫，头部如马头状，体绿色带有黑色、蓝色斑纹，翅深色具透明区域；雄虫腹部末端膨大；雌虫体色暗淡，无色斑。栖息于林地中下层。在我国分布于广西、云南、四川、广东等地。

蜢科 Eumastacidae
拍摄地点：广东省肇庆市鼎湖区（鼎湖山国家级自然保护区）
拍摄时间：2008年8月16日

羊角蚱
Criotettix sp.

　　体形中等。体枯黄色至黑褐色。足黑色，前、中足胫节有淡色环斑，后足股节中部有白色碎斑。复眼黑褐色。触角丝状。前胸背板侧面有明显的尖角状突起，后缘向后极度延伸，远超出腹部末端。栖息于与体色、质感近似的岩石表面或枯枝落叶堆中，通过保护色达到"隐身"。植食性。善于跳跃。在我国分布于云南、广东等地。

刺翼蚱科　Scelimenidae
拍摄地点：广东省惠州市博罗县（象头山国家级自然保护区）
拍摄时间：2008年7月3日

革翅目
DERMAPTERA

双斑异螋
Allodahlia ahrimanes

　　体形中等。体表以黑色为主，头部、各足股节基半部暗红色。头与前胸背板大小近似。复眼为圆形。前胸背板为矩形，前半部隆起明显，后缘稍微覆盖前翅基部。前翅基部两侧红褐色，略呈弧形扩展。后翅露出前翅，翅柄中部有1个黄色大斑。腹部近椭圆形，第4节背面两侧各有1个明显的大瘤突。尾铗长，末端尖，向内侧弯曲。足较长。雌成虫有护卵习性。成虫和若虫都生活于隐蔽的环境中，喜欢夜间外出活动。

球螋科 Forficulidae
拍摄地点：云南省红河哈尼族彝族自治州河口瑶族自治县
拍摄时间：2018年4月20日

92

缺翅目
ZORAPTERA

墨脱缺翅虫
Zorotypus medoensis

　　体长3.4～3.9 mm，深褐色。头近三角形，头顶有一横向隆线，在隆线上生4枚小毛。头部两侧有圆形、黑色的复眼，额面有3个单眼。前胸近圆形，密生细毛，前后侧角有数枚立起的刚毛；中、后胸近三角形，各有1对叶片状翅芽。翅脉简单，隐隐可见。前胸背板近方形，中、后胸十分发达。该虫通常栖息于亚热带常绿阔叶林地带。喜在倒折树木的树皮下活动，幼虫与成虫常聚集在一起。主要以真菌孢子及螨类为食。在我国分布于西藏东南部的墨脱等地。图示为液浸标本。

缺翅虫科 Zorotypidae
中国保护等级：Ⅱ级
拍摄地点：北京（国家动物博物馆标本馆）
拍摄时间：2003年12月

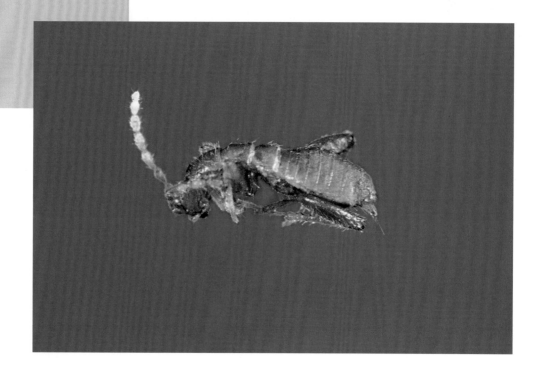

半翅目
HEMIPTERA

黄带犀猎蝽
Sycanus croceovittatus

　　体长23～25 mm，体宽4～5 mm，腹部宽8～10 mm。体黑色有光泽，并被同色短毛。头部呈圆柱形，长度约为前胸背板与小盾片之和。触角黑色，细长，共4节，着生黑色短细毛，第1节最短，第2节最长。前胸背板前域短，前角有一瘤状突起，后叶宽大，后角圆钝。小盾片中部有1个端部分叉的刺突。前翅革片基部黑色，中部至膜片边缘深黄色，构成明显的前翅中部黄色横带。足细长，黑色，密生细毛。腹部两侧扩展并向上翘，气门周围灰黄色。在我国分布于广西、云南、福建、广东等地。

猎蝽科 Reduviidae
拍摄地点：马来西亚
拍摄时间：2007年6月30日

环勺猎蝽
Cosmolestes annulipes

　　体土色。头、前胸背板前叶、后叶侧角亚端部斑、小盾片、中胸及后胸腹板、腹部腹板节间缝、侧接缘土色斑之间、股节环、胫节基部环均为黑色；头前端中带、眼前部分斜带、眼后部分中央线、头的腹面、前胸背板前缘、小盾片中央线、阔勺状顶端、膜片内室隆起的基脉均为浅黄色。前翅膜片烟色，显著超过腹部末端。在我国分布于云南、海南等地。

猎蝽科 Reduviidae
拍摄地点：云南省文山壮族苗族自治州麻栗坡县
拍摄时间：2018年4月24日

红股小猎蝽
Vesbius sanguinosus

　　体长8～11 mm，红色。头（除基部外）、触角、喙、足均为黑色，足转节和股节基部红色，各足具刚毛，股节端半部结节显著，前足胫节显著长于股节与转节之和。小盾片为三角形，前翅膜片基部2/3棕褐色，端部1/3透明，前翅膜质部显著超过腹部末端。生活在植物上。在我国分布于广西、海南等地。

猎蝽科 Reduviidae
拍摄地点：马来西亚
拍摄时间：2007年6月30日

结股角猎蝽
Macracanthopsis nodipes

　　体褐黄色，光亮。触角及其后方刺、眼、前翅、后足股节顶端、胫节亚基部环均为黑色；侧接缘及腹部腹面淡黄色。头与前胸背板约等长。触角基后方每边具一长刺。前胸背板前叶鼓起，后叶中央具凹沟，后叶中央凹陷不达后缘，后角较突出。小盾片中部鼓起，顶角尖削。腹部向两侧稍扩展。足细长，前足股节较粗，各足股节均呈结节状。在我国分布于云南、广西、福建、广东等地。

猎蝽科　Reduviidae
拍摄地点：云南省文山壮族苗族自治州麻栗坡县
拍摄时间：2018 年4月24日

瓦绒猎蝽
Tribelocephala walkeri

体长13.5～14.7 mm，深棕褐色。头较长，侧边触角突起显著，无单眼；触角第1节粗，短于头长，其余各节细。小盾片三角形；前翅稍短并狭于腹部，革质部小，约占翅长的1/2，膜质部很大。足短，前股节稍粗。在我国分布于云南、广东。

猎蝽科 Reduviidae
拍摄地点：云南省红河哈尼族彝族自治州金平苗族瑶族傣族自治县
拍摄时间：2018年4月18日

金鸡纳角盲蝽
Helopeltis cinchonae

体长5～6 mm，体形狭长，红褐色，表面光亮。头小。触角稍长于体长，第1节远短于头和前胸背板之和。小盾片上有1个直立的棒状突，顶端膨大呈球状。足黄褐色，股节具结节状隆起和黑色环状纹。前翅暗褐色，半透明，膜片尖端有月牙形透明斑。腹部红色，末端3节颜色较暗。多在植物叶片上活动，遇到惊扰时会将触角和足收拢折叠。以植物汁液为食，会对可可的果荚造成危害。

盲蝽科 Miridae
拍摄地点：云南省红河哈尼族彝族自治州金平苗族瑶族傣族自治县
拍摄时间：2018年4月24日

菜蝽
Eurydema dominulus

　　成虫体长6～8 mm，宽3～5 mm。体近椭圆形，橙黄色。前胸背板有6块黑斑，前排2块，后排4块；前翅革片橙红色，爪片及革片内侧黑色，中部有宽黑横带，近端处有一小黑点。成虫、若虫均以刺吸植物汁液为食，尤其喜欢刺吸嫩芽、嫩茎、嫩叶、花蕾和幼荚。在我国分布于广西、贵州、云南、北京、河北、河南、新疆、陕西、山西、浙江、福建、江西、湖北、湖南、广东等地。

蝽科 Pentatomidae
拍摄地点：北京市海淀区（翠湖国家城市湿地公园）
拍摄时间：2006年7月31日

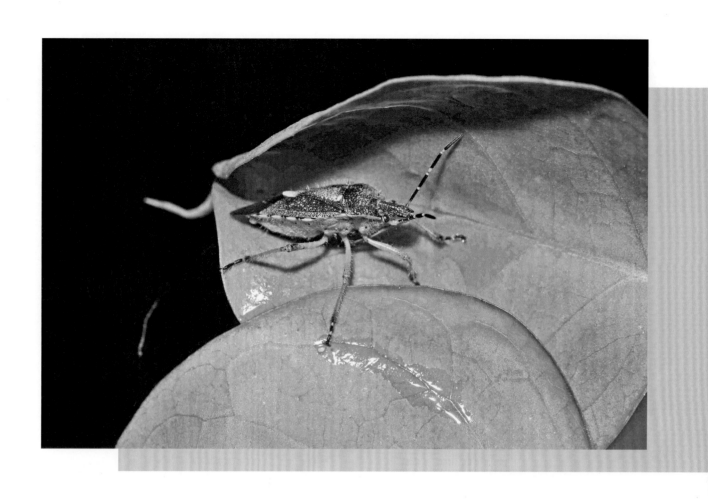

斑须蝽
Dolycoris baccarum

　　成虫体长8～13.5 mm，宽5.5～6.5 mm。体近椭圆形，黄褐色或紫色，密被白色绒毛和黑色小刻点。头中叶稍短于侧叶，复眼红褐色，单眼位于复眼后侧。触角共5节，黑色，第1节粗短，第2节最长，第1节、第2～4节基部及第5节基部和末端黄色，触角整体黄黑相间，故称斑须蝽。前胸背板前侧缘稍向上卷，呈浅黄色，后部一般暗红色。小盾片呈三角形，黄白色，末端钝而光滑。前翅革片淡红褐或暗红色，膜片黄褐色，透明，超过腹部末端。侧接缘外露，黄黑相间。足黄褐至褐色，腿、胫节密布黑色刻点。寄主极为复杂，为害多种农林作物。在我国分布于大部分地区。

蝽科　Pentatomidae
拍摄地点：北京市顺义区（顺鑫绿色度假村）
拍摄时间：2009年8月6日

107

宽碧蝽
Palomena viridissima

　　体长12~14 mm，宽8 mm。体近宽椭圆形，鲜绿至暗绿色。体背有较密而均匀的黑刻点。头部侧叶长于中叶，并会合于中叶之前，最末端呈小缺口。触角基外侧有一片状突起将触角基覆盖。前胸背板侧角伸出较少、末端圆钝、体侧缘为淡黄褐色。各足腿节外侧近端处有一小黑点，后足更明显。在我国分布于云南、北京、河北、陕西、黑龙江、山东、甘肃、青海等地。

蝽科 Pentatomidae
拍摄地点：北京市昌平区（白羊沟自然风景区）
拍摄时间：2011年7月5日

华麦蝽
Aelia nasuta

　　成虫体长8～9.5 mm，宽3.5～4.5 mm。体近菱形，黄褐至污黄褐色，散布黑刻点。头三角形，长宽（包括复眼）大约相等。额前部低平，中部微凹入，后端呈一尖角状向下突伸。触角基部2节黄色，末端3节渐红，第5节深红色。前胸背板及小盾片具纵中线，粗细前后一致。线的两侧有由黑刻点组成的宽黑带，背板侧缘处的黑色纵带亦较宽。前翅爪片及内革片色灰暗，刻点黑色，革片中部的分叉翅脉极不显著，隆起的径脉内侧无黑纹。膜片有一黑色纵纹，延伸到革片端缘上。体下方淡色，有6条不完整的黑纵纹。各足腿节端半部有2个显著的黑斑。为害小麦、水稻及禾本科杂草。在我国分布于云南、四川、北京、陕西、辽宁、吉林、黑龙江、江苏、浙江、福建、江西、山东、河南、湖北、湖南、甘肃等地。

蝽科　Pentatomidae
拍摄地点：北京市昌平区（白羊沟自然风景区）
拍摄时间：2011年7月5日

点蝽碎斑型（碎斑点蝽）
Tolumnia latipes forma contingens

　　成虫体长8.5～10.5 mm，体黄褐色或黑褐色，体背及翅面密布黑褐色刻点，从头部背面至小盾片中央有1条明显的中纵线，前胸背板有灰黄色边线，侧角不甚明显，小盾片的端部有1枚浅黄色斑十分醒目。在我国分布于云南、广西、陕西、甘肃、浙江、福建、广东、台湾等地。

蝽科 Pentatomidae
拍摄地点：云南省文山壮族苗族自治州麻栗坡县
拍摄时间：2018年4月24日

扁盾蝽
Eurygaster testudinarius

体长8～10.9 mm，宽5.4～7 mm。体近椭圆形，背面较隆起。体色多有变异，由黄褐色至暗棕色。头三角形，宽大于长。小盾片中央形成Y形淡色纹，顶端起于基缘两侧的黄色脈状小斑。腹部各节侧接缘后半黑色。腹下中央处有密集的黑点组成的小斑。主要发生在禾本科植物生长地，成虫在草根土和枯枝落叶下越冬。在我国分布于四川、重庆、黑龙江、河北、陕西、山西、山东、江苏、江西、湖北、浙江、北京等地。

盾蝽科 Scutelleridae
拍摄地点：北京市昌平区（白羊沟自然风景区）
拍摄时间：2011年7月5日

白斑地长蝽
Rhyparochromus (Panaorus) albomaculatus

头黑，无光泽，密被金黄色平伏短毛。触角第1节褐至黑色，有时前半部色淡；第2节黄褐色，端部渐成黑褐色；第3节几乎全黑，有时基部渐淡；第4节黑，基部有一宽白环。头下方黑，略具横皱和平伏毛。前胸背板前叶黑，无光泽，其余蛋黄白色，或侧缘前端及后角处色略深，前叶周缘及后叶具褐刻点，后叶多少有一不宽的中纵线，无刻点，侧缘上无刻点，或有时有很少的刻点。小盾片黑，具刻点。爪片与革片淡黄褐色，刻点褐色。在我国分布于四川、广西、北京、吉林、天津、河北、山西、陕西、河南、江苏、湖北等地。

长蝽科 Lygaeidae
拍摄地点：北京市海淀区
拍摄时间：2006年7月27日

112

突背斑红蝽
Physopelta gutta

    体棕黄色，被平伏短毛。触角第4节基半部浅黄色。前胸背板前叶强烈隆起部分可达前缘，其侧缘较窄。前翅革片顶角黑斑呈亚三角形，其中央有圆形黑斑，其表面几无刻点，膜片黑色。雄虫前胸背板后叶大部、小盾片、革片内侧及爪片具有明显的粗刻点。在我国分布于四川、广西、湖北、云南、西藏、广东、海南、台湾等地。

红蝽科 Pyrrhocoridae
拍摄地点：海南省乐东黎族自治县（尖峰岭国家级自然保护区）
拍摄时间：1997年5月中旬

直红蝽
Pyrrhopeplus carduelis

　　体长10.4～14 mm，前胸背板宽3～4.5 mm，身体近长椭圆形。体色朱红至红色。头部近三角形；前胸背板前叶较隆突，后叶有明显的刻点。前胸背板前缘生有白色带状条纹，前翅革片内有细密的刻点，革片的中央有1个较大的黑斑，小盾片、前翅膜片及足的腿节均为黑色。在我国分布于西藏、河南、江苏、浙江、安徽、江西、湖南、福建、广东等地。

红蝽科 Pyrrhocoridae
拍摄地点：福建省武夷山市（武夷山国家级自然保护区）
拍摄时间：1985年5月下旬

版纳同缘蝽
Homoeocerus (A.) bannaensis

触角4节，着生于头部两侧上方，具单眼。前胸背板一般呈梯形，侧角不突出或呈刺状。小盾片小，三角形，短于前翅爪片，静止时爪片完全包围小盾片，形成显著的爪片接合缝。膜片具多条平行纵脉，通常基部无翅室。足较长。

缘蝽科 Corsidae
拍摄地点：云南省文山壮族苗族自治州马关县
拍摄时间：2018年4月22日

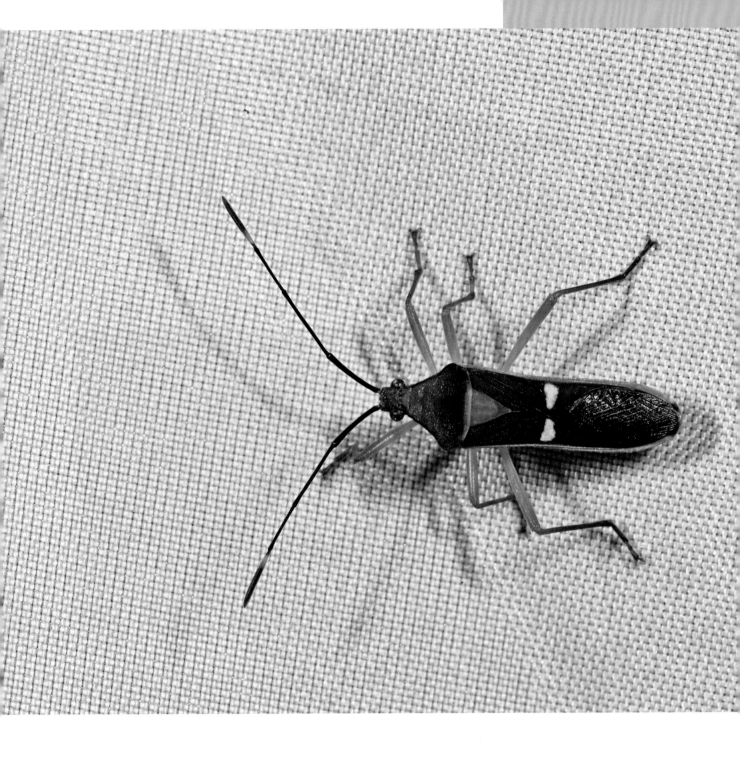

阔肩同缘蝽
Homoeocerus (A.) humeralis

　　身体狭长。触角4节，第4节基部和端部浅橘红色。前胸背板赭色，后角向外扩展，圆钝。小盾片呈三角形，绿色。翅赭色，革片中央有黄色的三角形斑。各足均色泽浅淡。

缘蝽科 Coreidae
拍摄地点：广西壮族自治区百色市那坡县
拍摄时间：2018年4月28日

中稻缘蝽
Leptocorisa chinensis

　　体长17～18 mm。头长，翅、触角第1节端部膨大。前胸背板长，前端稍向下倾斜，中胸背板具纵沟。最后3个腹节背板完全红色或赭色。后足胫节最基部及顶端黑色。在我国分布于云南、广西、重庆、天津、江苏、安徽、浙江、江西、湖北、福建、广东。

缘蝽科 Coreidae
拍摄地点：云南省红河哈尼族彝族自治州河口瑶族自治县
拍摄时间：2018年4月20日

锤胁跷蝽
Yemma signatus

　　体长6~8 mm，狭长，淡黄褐色。触角长约为身体长的1.5倍，第1节基部及第4节基部3/4、喙顶端及各足跗节端部黑色，前翅膜片基部具黑色细纹，头腹面中央及胸腹板中央有1条黑纹。小盾片具短刺。成虫、幼虫群居，为害多种果树和农作物，有时会吸食其他小虫。在我国分布于四川、西藏、北京、浙江、江西、山东、河南、陕西等地。

跷蝽科 Berytidae
拍摄地点：北京市海淀区
拍摄时间：2006年7月27日

凹大叶蝉
Bothrogonia sp.

体长15～16 mm，体形较大，黄褐色，头胸部常具多枚黑斑。在我国分布于云南等地。

叶蝉科 Cicadellidae
拍摄地点：云南省普洱市思茅区
拍摄时间：2004年9月12日

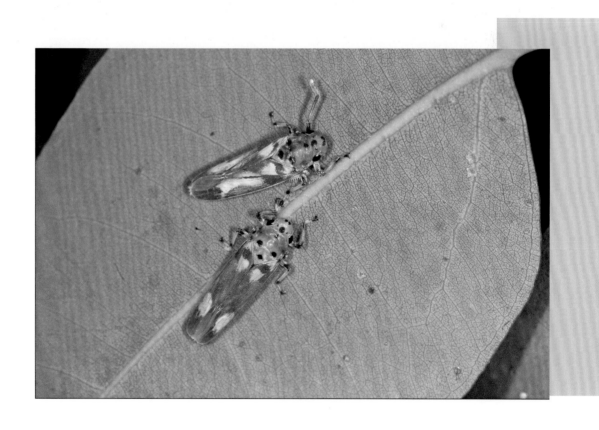

色条大叶蝉
Atkinsoniella opponens

　　体黄绿色。头冠部具黑斑，前胸背板前后缘各具黑色横带，中部一细纵带连接，前翅具黑色纵带。在我国分布于云南、广西、四川、贵州、福建、河南、广东、海南等地。

叶蝉科 Cicadellidae
拍摄地点：云南省文山壮族苗族自治州马关县
拍摄时间：2018年4月21日

琼凹大叶蝉
Bothrogonia qiongana

　　体连翅长15～16 mm，红褐色。头部灰白色，头顶及背中央各有1个黑色圆点。前胸背板灰黄色，有3个黑色斑点，呈三角形排列。小盾片中央有1个小黑斑，尖端黑色。前翅红褐色，基部有灰白色蜡粉，末端黑色。足淡黄色，胫节的两端和跗节均为黑色。在我国分布于海南、贵州等地。

叶蝉科 Cicadellidae
拍摄地点：海南省乐东黎族自治县（尖峰岭国家级自然保护区）
拍摄时间：1997年5月下旬

丽纹广翅蜡蝉
Ricanula pulverosa

　　体长5～7 mm，翅展16～22 mm。体黑褐色、褐绿色或黄褐色。前翅近三角形，烟褐色或褐绿色，近顶角处有2个隆起斑点；前缘外方2/5处有一黄褐色半圆形至三角形斑，被褐色横脉分隔成若干小室。在我国分布于贵州、广西、云南、四川、广东等地。

广翅蜡蝉科 Ricaniidae
拍摄地点：贵州省遵义市赤水市（赤水桫椤国家级自然保护区）
拍摄时间：2000年6月3日

透明疏广蜡蝉
Euricania clara

体长5～6 mm，翅展19～23 mm。头、胸、腹除唇基、喙、后胸及腹基部黄褐色外，其余均栗褐色，中胸盾片近黑褐色。前翅无色透明略带黄褐色；翅脉均为褐色；前缘有宽的褐色带，有的个体此带在端部色较浅；外缘和后缘仅有褐色细线，有的个体在近外缘端部有一小条褐色狭带；前缘宽褐带上于近中部有一较明显的黄褐色斑，外方1/4处有一不甚明显的黄褐色斑割断褐带；翅近基部中央有一隐约可见的褐色小斑点；中横线和外横线仅由很细的横脉组成。后翅无色透明；翅脉褐色，翅的边缘围有褐色细线。后足胫节外侧有2个刺。在我国分布于重庆、陕西、北京等地。

广翅蜡蝉科 Ricaniidae
拍摄地点：北京市海淀区（百望山森林公园）
拍摄时间：2007年8月21日

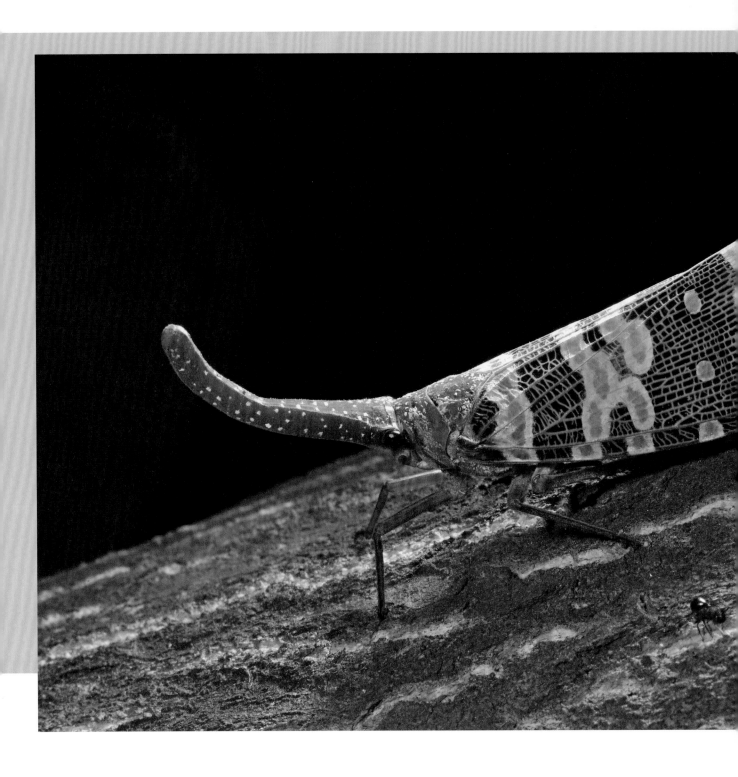

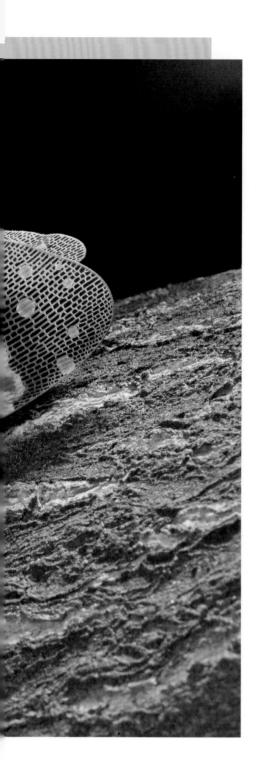

龙眼鸡
Fulgora candelaria

体长22 mm，头突18 mm，翅展72～80 mm。头背面褐赭色。头有细长而向上弯曲的圆锥形突起，末端为圆形，从突起的末端到复眼的长度等于中胸与腹部之和；头的腹面色较浅，散布许多白色小点；复眼黑褐色，触角短粗，第2节膨大，黑褐色。胸部褐赭色，前胸背板近中域具有2个深凹的小斑，中胸背板前缘具有4个倒锥形的黑褐色斑，其两侧各具有1个斜条形的黑褐色斑，其中域有放射性的脊线3条。腹部背面橘黄色，腹面黑褐色，各节后缘为黄色狭带。前翅底色黑褐色，脉纹密网状，绿色，围有黄边，使全翅呈现墨绿色或黄绿色，在翅基部有一黄赭色横带，近1/3处有2条交叉的黄赭色横带，有时中断，在翅的端半部散布着10多个黄赭色圆斑。寄主有龙眼、荔枝、乌桕、黄皮、桑。在我国分布于云南、广西、广东、湖南等地。

蜡蝉科 Fulgoridae
拍摄地点：云南省文山壮族苗族自治州麻栗坡县
拍摄时间：2018年4月24日

125

中华珞颜蜡蝉四川亚种
Loxocephala sinica sichuanensis

　　体长8～9 mm，翅展22～24 mm。头顶和颜面绿色，或绿褐色、褐色、红褐色，头、胸的其他部分均为褐色；前胸背板前缘中央弧形突出并呈脊状。腹部黄褐色或褐色，背面基部有黑色横纹，有的个体侧缘略带橙色。前翅褐色，前缘基部1/3为绿色长斑，此斑有些个体较小、较淡或消失；以前缘基部1/3到爪片末端为界，界内翅面较为均匀地分布有许多细小的白点，界外则散布有30多个大大小小的圆形黑斑。前、中足血红色，后足褐色或黄褐色。在我国分布于四川、陕西等地。

颜蜡蝉科 Eurybrachidae
拍摄地点：四川省阿坝藏族羌族自治州汶川县（卧龙国家级自然保护区）
拍摄时间：2003年8月下旬

碧蛾蜡蝉
Geisha distinctissima

　　体形与蛾类相似。体翅均为黄绿色。头顶短，略向前突出；额长大于宽；复眼黑褐色，单眼黄色。前胸背板短，有2条淡褐色纵带；腹部淡黄褐色，被白色蜡粉。前翅宽阔，外缘平直，有1条红色细纹绕过顶角经过外缘深达后缘爪片末端，翅脉黄色，翅面散布多条横脉。后翅灰白色，翅脉淡黄褐色。足的胫节和跗节色略深。在我国分布于大部分地区。

蛾蜡蝉科　Flatidae
拍摄地点：广东省深圳市（莲花山公园）
拍摄时间：2008年7月1日

铲头沫蝉
Clovia sp.

　　成虫体长6～8 mm，头部呈锥形，头冠扁，铲状，腹端尖狭，体黄褐色。头部背面及前胸背板具有4～6条黑褐色的条状斑纹。小盾片有褐色斑。前翅带有淡色的纵向条纹，近端部有1块浅黄色斑纹。在我国分布于云南等地。

尖胸沫蝉科　Aphrophoridae
拍摄地点：云南省昆明市盘龙区（金殿国家森林公园）
拍摄时间：2018年5月1日

中脊沫蝉
Mesoptyelus decoratus

体小型，翅面黑色，基部、中部有白带，端部附近有白斑。头胸黄褐色，有黄褐相间的条纹。在我国分布于云南、广西、北京等地。

沫蝉科 Cercopidae
拍摄地点：北京市昌平区（白羊沟自然风景区）
拍摄时间：2011年7月6日

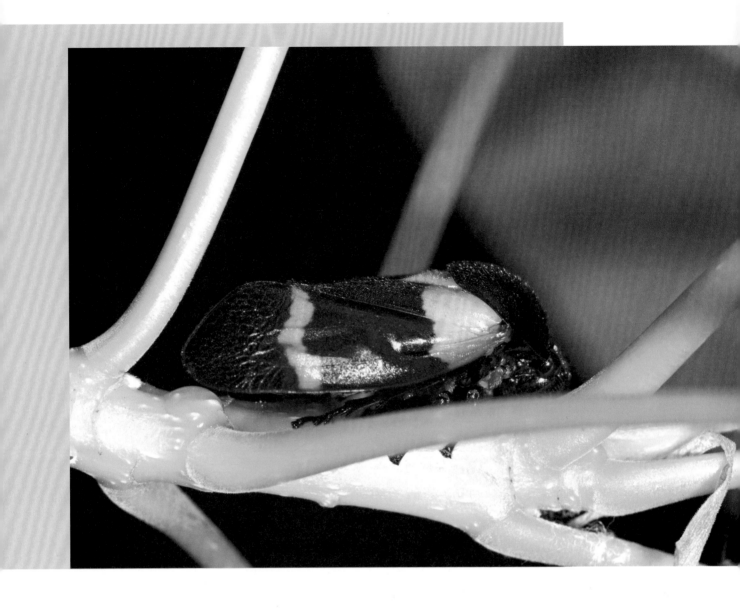

东方丽沫蝉
Cosmoscarta heros

体长14.6～17.2 mm。头及前胸背板紫黑色，具光泽。复眼灰色，单眼浅黄色。触角基节褐黄色，喙橘黄色或橘红色或血红色。小盾片橘黄色，前翅黑色，翅基或翅端部网状脉纹区之前各有1条橘黄色横带。其中，翅基的1条极阔，近三角形，翅端之前的1条较窄，呈波状。在我国分布于南方地区。

沫蝉科 Cercopidae
拍摄地点：广东省惠州市博罗县（象头山国家级自然保护区）
拍摄时间：2008年7月3日

峨眉红眼蝉
Talainga omeishana

　　被黑色长绒毛，复眼血红色。头冠稍窄于中胸背板基部，前胸背板黑色，侧缘和扩大的后侧角鲜红色。前翅黑褐色半透明，翅面有网状花纹，翅脉黑色，翅室内有奶油色透明斑。足黑色。腹部长于头胸部。在我国分布于云南、四川、重庆、广西、贵州、湖南等地。

蝉科 Cicadidae
拍摄地点：云南省保山市腾冲市（高黎贡山国家级自然保护区大蒿坪管理站）
拍摄时间：1992年5月26日

红蝉
Huechys sanguinea

　　成虫体长约25 mm。头胸部黑色，腹部血红色；头胸部密被黑色长毛，腹部被黄褐色短毛。头、复眼黑色，单眼红色。前胸背板黑色，无斑纹。中胸背板两侧具1对近圆形的大红斑。胸部腹面及足黑色无斑纹。前足腿节具强刺。前翅黑褐色，不透明，结线不明显；翅脉黑色；后翅淡褐色，半透明，翅脉黑褐色。在我国分布于贵州、云南、广西、四川、山西、浙江、江苏、江西、湖南、广东、福建、海南、香港、台湾等地。

蝉科　Cicadidae
拍摄地点：贵州省遵义市赤水市（赤水桫椤国家级自然保护区）
拍摄时间：2000年6月上旬

绿草蝉
Mogannia hebes

　　成虫体长约25 mm。身体绿色或绿褐色，也有的为黄绿色或黄褐色，体表密被金黄色短毛。腹部稍长于头胸部。单眼浅橘黄色，复眼黑褐色。前胸背板具2个黄褐色方形斑，周缘绿色，后角稍扩张，内片浅褐色，中央纵带黄绿色，两侧有黑褐色界线。前后翅均透明，前翅基半部浅黄色，翅脉绿色。腹部背中央稍隆起，黄绿色或绿褐色，两侧有不规则黑斑。在我国分布于南方大部分地区。

蝉科 Cicadidae
拍摄地点：云南省红河哈尼族彝族自治州金平苗族瑶族傣族自治县
拍摄时间：2018年4月20日

蟪蛄
Platypleura kaempferi

　　成虫体长约45 mm，体形短粗，属于中大型蝉类。头部黑色带有绿色斑纹。前胸背板较宽扁，带有黑色与绿色相间的斑纹。前翅棕褐色被有细毛，翅面带有许多黑灰色花纹。后翅除外缘透明以外，其余均为黑色。在我国分布于大部分地区。

蝉科 Cicadidae
拍摄地点：江西省九江市庐山市（庐山风景区）
拍摄时间：2010年7月30日

134

蚱蝉
Cryptotympana pustulata

　　体长约45 mm，全身漆黑，有光泽，较粗壮。头部较宽，触角细，胸部有黄斑。翅透明，翅脉红棕色，基部颜色偏红，越往翅末端颜色越深。腹部亮黑色，足的胫节带有红斑。属于常见的种类，鸣声洪亮。夏天时经常可以听到群蝉共鸣。在我国分布于南方大部分地区。

蝉科　Cicadidae
拍摄地点：广东省惠州市博罗县（象头山国家级自然保护区）
拍摄时间：2008年7月3日

华蝉
Sinosemia sp.

体形中等偏大。体色较暗。头部稍宽于中胸背板基部，前胸背板前侧缘具齿状突起。腹部较短，雄性腹部约与头胸部等长。翅透明，前翅8个端室，后翅6个端室。在我国分布于云南、广东等地。

蝉科 Cicadidae
拍摄地点：广东省惠州市博罗县（象头山国家级自然保护区）
拍摄时间：2008年7月3日

康氏粉蚧
Pseudococcus comstocki

　　雌成虫虫体近椭圆形，外被白色蜡质分泌物，体缘具17对白色蜡刺。触角8节或7节。足细长，后足基节具数量很多的透明孔，股节和胫节也有少量的透明孔。腹裂一个，较大，椭圆形。臀瓣发达而突出，顶端生有一根臀瓣刺和几根长毛。体毛数量很多，分布在虫体背、腹两面，背中线及其附近的体毛稍长。图示为寄生于水果上的雌成虫。在我国分布于云南、广西、四川、河北、河南、山东、湖北、湖南、江西、浙江、广东、福建、台湾等地。

粉蚧科 Pseudococcidae
拍摄地点：云南省文山壮族苗族自治州麻栗坡县
拍摄时间：2018年4月24日

日本蜡蚧
Ceroplastes japonicus

　　雌成虫黄红色，近宽卵圆形，虫体背面向上隆起或强烈突起，几乎呈半球形。虫体腹面柔软。触角5～7节，第3节较长，有时分裂成2节。眼较明显，位于虫体边缘触角基节水平线上。喙较发达，位于两前足基节之间。足很发达，股节较粗，爪冠毛粗、顶端膨大。雄虫体为深褐色或棕色，头和胸背板颜色较深，翅较透明，具2条翅脉。在我国分布于云南、广西、四川、贵州、河北、河南、山东、山西、甘肃、湖南、湖北、浙江、江苏、福建、江西、广东等地。

蜡蚧科 Coccidae
拍摄地点：云南省文山壮族苗族自治州马关县
拍摄时间：2018年4月22日

吹绵蚧
Icerya purchasi

　　雌成虫椭圆形或长椭圆形，橘红色或暗红色。体表面生有黑色短毛，背面被有白色蜡粉并向上隆起，而以背中央向上隆起较高，腹面则平坦。眼发达，具硬化的眼座，黑褐色。触角黑褐色，位于虫体腹面头前端两侧，触角11节，第1节宽大，第2、3节粗长，第4～11节念珠状，每节生有若干细毛。虫体上的刺毛呈毛状，沿虫体边缘形成明显的毛群。图示为雌虫寄生状。在我国分布于云南、广西、四川、江苏、浙江、广东、湖南、湖北、江西、福建、河北、山东、山西、辽宁、安徽、台湾等地。

硕蚧科 Margarodidae
拍摄地点：云南省文山壮族苗族自治州麻栗坡县
拍摄时间：2018年4月24日

银毛吹绵蚧
Icerya seychellarum

　　雌成虫卵圆形，虫体背面稍向上隆起。虫体背面橘黄色或棕黄色，也有的呈橘红色。虫体外被白色块状蜡质物覆盖。体缘蜡质突起较大，长条状，淡黄色。整个虫体背面具有数量很多的放射状排列的银白色蜡质细丝。触角黑色，11节，越向端部越细，各节均具细毛。眼发达，具有高度硬化的眼座。足黑褐色，发达，具有正常的节数，每节上着生很多细毛。体毛稀疏分布，刺毛在虫体边缘明显集聚成群。在我国分布于云南、广西、四川、广东、福建、台湾、湖南、湖北、山东、河北、河南、陕西、安徽等地。

硕蚧科　Margarodidae
拍摄地点：云南省文山壮族苗族自治州麻栗坡县
拍摄时间：2018年4月24日

广翅目
MEGALOPTERA

越南斑鱼蛉
Neochauliodes tonkinensis

　　成虫前翅长40 mm。体褐色，雄性触角呈栉状。前胸背板端缘橙黄色。前翅前缘域基半部各翅室内具许多褐色小点斑，翅痣两侧各具一褐斑，且内侧的斑较长；基部具许多褐色小点斑，端半部沿纵脉具许多浅褐色碎斑。图示为雄虫。在我国分布于云南。

齿蛉科 Corydalidae
拍摄地点：云南省文山壮族苗族自治州麻栗坡县
拍摄时间：2018年4月25日

缘点斑鱼蛉
Neochauliodes bowringi

　　成虫前翅长30 mm。体褐色，头部唇基区黄褐色。雌性触角近锯齿状。前胸背板近侧缘具2对窄的黑斑；中、后胸背板各具1对黑斑。前翅散布很多近圆形的褐色斑点，并在前缘区基部最密集且颜色最深；翅痣两侧各具一黑斑，且内侧的斑较长；中横带斑连接前缘并延伸至R4处。图示为雄虫。在我国分布于云南、广西、贵州、海南、陕西、湖南、江西、福建、广东、香港等地。

齿蛉科 Corydalidae
拍摄地点：海南省儋州市（中国热带农业科学院海南热带植物园）
拍摄时间：1998年6月下旬

145

鞘翅目
COLEOPTERA

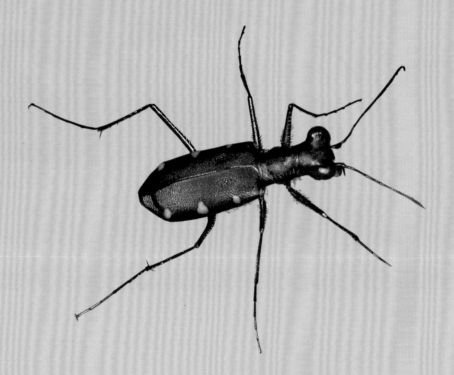

芽斑虎甲
Cicindela gemmata

　　成虫体长14～18 mm。前胸背板中央红铜色。身体铜褐色，刻点内略现金属光泽。每鞘翅各具4个白斑，有时第1个斑消失；第1个位于肩部；第2个位于约1/4处，靠近翅缘；第3个位于1/2处，呈由外向内斜下方走向的波浪状纹路；第4个位于翅端附近，呈逗号状，自鞘翅外角处延伸至翅缝端部；第2个斑内侧近翅缝处具不明显的暗斑。在我国分布于四川、云南、内蒙古、甘肃等地。

步甲科 Carabidae　虎甲亚科 Cicindelinae
拍摄地点：内蒙古自治区锡林郭勒盟白音锡勒牧场（中国科学院内蒙古草原生态系统定位研究站）
拍摄时间：2004年8月

六点虎甲
Cicindela sexpunctata

　　体暗红褐色，头部、前胸背板和鞘翅表面具闪烁的金属光泽，鞘翅翅面布满小圆斑，斑点中心有金属光泽的蓝色小点。触角呈丝状，11节，位于额的前侧。前胸长大于宽，不宽于头。足细长，生有白色小短刺，跗节共5节。雌虫腹节有6节，雄虫有7节。

步甲科 Carabidae　虎甲亚科 Cicindelinae
拍摄地点：贵州省黔东南苗族侗族自治州雷山县（雷公山国家级自然保护区）
拍摄时间：2005年5月31日

褶七齿虎甲
Heptodonta pulchella

　　体长约15 mm。体形狭长，前胸背板窄，鞘翅两侧平行。体色为黄铜色，带绿色光泽。腿红色，腿节、胫节末端及跗节黑色。上唇近三角形，端部具7个齿突。鞘翅具细刻点及皱纹，沿翅缝区域略隆起。见于林间裸地、小路或其他开阔地带。在我国分布于四川、云南、广东、海南等地。

步甲科 Carabidae　虎甲亚科 Cicindelinae
拍摄地点：海南省五指山市（五指山国家级自然保护区）
拍摄时间：1998年6月下旬

150

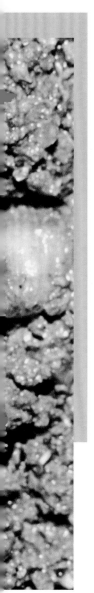

奇裂跗步甲
Dischissus mirandus

　　体长16～18 mm，黑色，有光泽，密被绒毛。鞘翅具2个边缘为齿形的黄色斑，前斑呈横形，位于第3行距至翅缘之间，后斑近圆形，占据5行距。前胸背板近六角形，被粗刻点，基缘略宽于前缘，最宽处约在中部，基凹深，中线明显。鞘翅长卵形，条沟内具刻点，行距隆起。足胫节有纵行脊，第4跗节背面呈双叶状。在我国分布于云南、四川、广西、贵州、陕西、浙江、江苏、湖南、福建、广东等地。

步甲科 Carabidae
拍摄地点：云南省红河哈尼族彝族自治州金平苗族瑶族傣族自治县
拍摄时间：2018年4月18日

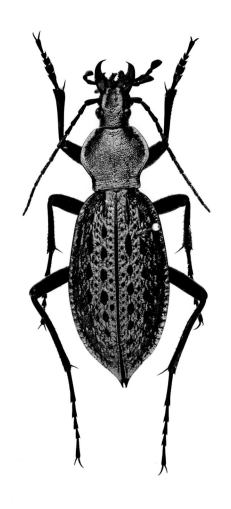

拉步甲
Carabus lafossei

体长33.5～37.4 mm，体宽10.5～11.2 mm。体色变异大，有多种色型，通常全身金属绿色，前胸背板及鞘翅外缘泛金红色或浅紫铜色光泽。每个鞘翅上由黑色、蓝黑色或蓝绿色瘤突组成6列纵线，3条较粗大，3条较细小。触角细长，第1～4节光洁，以后各节被毛。前胸背板略呈心形，鞘翅为长卵形，中后部最宽，末端呈尾突状。足部细长，善疾走。成虫一般夜晚捕食，白天潜藏于枯枝落叶、松土或杂草丛中。图示为标本照片。中国特有种，分布于四川、重庆、贵州、西藏、湖北、江苏、浙江、福建、江西等地。

步甲科 Carabidae
中国保护等级：Ⅱ级
拍摄地点：北京（国家动物博物馆）
拍摄时间：2009年4月20日

大水龟甲
Hydrophilus sp.

  体长35～40 mm。卵圆形，背面隆突，腹面平扁。体黑褐色，表面光滑。前胸腹板在前足基节之间突起，后部具深沟。中胸腹板发达，有时中央有1个龙骨状脊，向前伸达前足基节之间，向后与后胸腹板龙骨状脊相连接。鞘翅刻点成列或线状，共9～10行。

水龟甲科 Hydrophilidae
拍摄地点：云南省红河哈尼族彝族自治州金平苗族瑶族傣族自治县
拍摄时间：2018年4月19日

153

尼负葬甲
Nicrophorus nepalensis

　　体长约20 mm。体长形，复眼突出，触角10节、锤状；前胸背板宽大，呈盾形，中央具十字形凹痕；小盾片大；鞘翅近长方形，末端平截，露出腹节背板。体黑色。头顶具红色小斑，触角端部3节为橙色，鞘翅前后部各具波浪状橙色斑纹，斑纹并不到达翅缝处，每块橙色斑纹内各具一小黑点。腐食性，以动物尸体为食；具趋光性。在我国分布于西南、华北、华中、华南等地区。

埋葬甲科 Silphidae
拍摄地点：云南省文山壮族苗族自治州马关县
拍摄时间：2018年4月22日

154

中华刀锹甲
Dorcus sinensis concolor

　　雄虫体形较细长，体色黑色，大颚内齿宽短且具2个角，前胸背板外侧呈圆弧状，不具尖锐的突起，鞘翅较为光亮。在我国分布于贵州、四川、重庆、云南等地。

锹甲科 Lucanidae
拍摄地点：贵州省铜仁市（梵净山国家级自然保护区）
拍摄时间：2001年5月下旬

华新锹甲
Neolucanus sinicus

　　体形较小，成虫体长26～40 mm。鞘翅表面呈磨砂状，完全不反光，易与其他种类区分。体色黑色或褐色，也有呈鲜亮的黄褐色个体。成虫不趋光，多于白日里飞行或爬行于林间开阔地带。在我国分布于贵州、台湾等地。

锹甲科 Lucanidae
拍摄地点：贵州省黔东南苗族侗族自治州雷山县（雷公山国家级自然保护区）
拍摄时间：2005年6月4日

156

奥锹甲
Odontolabis sp.

　　雄性体长34～79 mm，雌性体长34～48 mm。体黑色，具光泽，尤其鞘翅十分光亮。雄性大颚有大、中、小3种类型。雄虫体色除鞘翅外缘红褐色外均为黑色。上颚、头、前胸背板上有细小颗粒。头近四边形，眼侧变窄，眼后有钝刺。前胸背板有2枚尖刺。前腹突尖刺状，多变化。前足跗节外侧有3～5个细齿（雄性）或4～5枚刺（雌性）。成虫喜欢在树木伤口处吸食汁液。幼虫居于朽木内。在我国分布于广西、云南、广东、浙江等地。

锹甲科　Lucanidae
拍摄地点：广东省惠州市博罗县（象头山国家级自然保护区）
拍摄时间：2008年7月3日

三叉黑蜣
Ceracupes arrowi

　　体长28～35 mm。体色黑亮，触角呈鳃片状，头部具3个突起的角。体近圆筒状，前胸背板和鞘翅分界明显，鞘翅翅面具有明显的条沟。在我国分布于南方大部分地区。

黑蜣科 Passalidae
拍摄地点：贵州省铜仁市（梵净山国家级自然保护区）
拍摄时间：2002年5月30日

158

华武粪金龟
Enoplotrupes sinensis

体长25~35 mm。体亮黑色带蓝绿色、蓝色或紫色金属光泽，触角呈鳃片状，头部具一突起向后弯曲的角，前胸背板具向前突生的两角。体圆，前胸背板宽，小盾片发达，鞘翅具刻点，条沟不明显。在我国分布于南方大部分地区。

粪金龟科 Geotrupidae
拍摄地点：江西省九江市庐山市（庐山风景区）
拍摄时间：2010年7月29日

隆粪蜣螂
Copris (s.str.) carinicus

　　体中型，头部角突简单或具微弱凹陷。前胸背板近端缘具弯曲脊或端半部凹陷，边缘弧形，基半部疏布细小刻点，除前面外密布粗糙刻点，盘区刻点趋于稀疏，前角圆钝。前足胫节外缘具4齿。鞘翅光亮，刻点行清晰，基部稍不光亮。后足腿节遍布粗刻点，或者至少腿节端部刻点粗大。在我国分布于云南、西藏等地。

金龟科 Scarabaeidae　蜣螂亚科 Scarabaeinae
拍摄地点：云南省文山壮族苗族自治州麻栗坡县
拍摄时间：2018年4月25日

160

沙氏亮嗡蜣螂
Onthophagus (Phanaeomorphus) schaefernai

　　体黑色。雄虫头部具弱横脊，长度明显大于宽度；雌虫头部横脊更加微弱；唇基前缘呈圆弧状。前胸背板盘区隆起部分近三角形，前半部呈屋脊状倾斜，前角尖锐，雌虫前胸背板相对简单；密布均匀刻点，不呈颗粒状，基部无饰边。身体背面被倒伏短毛，雄虫前足胫节很少明显弯曲，外缘齿简单。在我国分布于广西、四川、云南、湖北、北京、河北等地。

金龟科 Scarabaeidae　蜣螂亚科 Scarabaeinae
拍摄地点：湖北省恩施土家族苗族自治州利川市（星斗山国家级自然保护区）
拍摄时间：1989年7月21日

161

阳彩臂金龟
Cheirotonus jansoni

　　雄虫体长40～60 mm，雌虫体长约50 mm。雌雄异形。前胸背板金属绿色，盘区前半部具粗刻点，侧边向外侧强烈突伸。鞘翅棕黑色，基部和侧缘具棕黄色斑。肩部具2枚黄斑，鞘翅后2/3处延翅缝至侧边半圈黄色。唇基呈半圆形。雄虫前足胫节极度延长，具2枚向内突出的刺；前刺垂直胫节向内突出，后刺位置较靠前，约在胫节1/3处之后。图示为标本照片。在我国分布于广西、四川、重庆、贵州、浙江、江西、湖南、福建、广东、海南等地。

金龟科 Scarabaeidae　臂金龟亚科 Euchirinae
中国保护等级：Ⅱ级
拍摄地点：北京（国家动物博物馆）
拍摄时间：2009年4月10日

大云鳃金龟

Polyphylla laticollis

　　成虫体长31~38 mm，体宽15~19 mm。体长椭圆形，栗褐色或深褐色，背面强烈隆拱。鞘翅上面被有各式白或乳白色鳞片组成的斑纹。前胸背板色深，其两侧各有1个圆斑。小盾片密被厚实鳞片。触角10节，雄虫鳃片部由7节组成，十分宽长，向外侧弯曲，长达前胸背板长的1.25倍左右；雌虫鳃片部短小，由6节组成；鳃片部分平时收拢。在我国分布于云南、四川、黑龙江、吉林、辽宁、河北、山西、内蒙古、陕西、山东、江苏、安徽、浙江、福建、河南等地。

金龟科 Scarabaeidae　鳃金龟亚科 Melolonthidae
拍摄地点：甘肃省兰州市永登县（吐鲁沟国家森林公园）
拍摄时间：1991年7月下旬

163

灰胸突鳃金龟

Hoplosternus incanus

体长24～30 mm，宽12～16 mm，体近卵圆形，棕褐色或栗褐色，鞘翅色略淡，全身密被灰黄色或灰白色细短毛。头较小，其上绒毛向头顶中心趋聚。触角10节，鳃片部雄虫7节，长而弯；雌虫6节，短小而直。前胸背板因覆毛色泽差异常呈5条纵纹，中内及两侧条纹色较深。前胸背板后缘中段弓形后弯。鞘翅每侧具3条明显纵肋。臀板近三角形。中胸腹板前突长，达前足基节中间，近端部收缩变尖。腹部第1～5节腹板两侧具乳黄色三角形毛斑。前足胫节外缘具2～3齿；爪发达，具齿。在我国分布于四川、贵州、陕西、河北、河南、湖北、江西等地。

金龟科 Scarabaeidae　鳃金龟亚科 Melolonthinae
拍摄地点：陕西省西安市周至县
拍摄时间：1993年4月下旬

长丽金龟
Adoretosoma sp.

  体长约10 mm，红色，体形近卵圆形。身体表面光亮无毛。触角9节，末端3节片状扩展张开。前胸背板基部窄于鞘翅，表面具细小刻点，后角圆钝。鞘翅近长方形，翅缘具膜质的透明区域，基部突缘不发达，鞘翅表面具刻点行。植食性，成虫有访花行为。幼虫腐食性，生活于土壤中。在我国分布于云南、海南等地。

金龟科 Scarabaeidae
拍摄地点：海南省五指山市（五指山国家级自然保护区）
拍摄时间：1997年6月上旬

凹头叩甲
Ceropectus messi

　　体长28～31 mm。体近长卵圆形，较扁平；体黑色，鞘翅红色至红褐色，体表被有白色或黄色毛，在前胸和鞘翅上形成不规则的毛斑。头中部凹陷，上颚肘状弯曲。雄性触角12节，长于体长的1/2，从第3节起呈栉齿状，雌性触角较短，从第3节呈锯齿状。前胸背板向前渐狭，前角拱出，后角向后突出。在我国分布于云南、广西、海南、福建等地。

叩甲科 Elateridae
拍摄地点：海南省五指山市（五指山国家级自然保护区）
拍摄时间：1997年6月上旬

166

科特拟叩甲
Tetralanguria collaris

　　体长10～16 mm。体近长梭形。头黑色。前胸背板红色，具3个黑色点斑。鞘翅黑色，有光泽。触角较粗，端部4节膨大，形成明显的端锤。眼眶后部突出。前胸背板近圆形，表面隆起且光洁。鞘翅无缘折，端缘无锯齿。

拟叩甲科 Languriidae
拍摄地点：云南省文山壮族苗族自治州马关县
拍摄时间：2018年4月22日

167

窗萤
Pyrocoelia sp.

　　雄虫体长约20 mm。触角略呈栉齿状，头部黑色，前胸背板橙色，近半圆形，鞘翅黑色，密布纵条纹；雌虫外形与幼虫极为相似，橙黄色，前翅黑色，退化缩小。见于低海拔山区，为常见的种类。在我国分布于南方各地。

萤科 Lampyridae
拍摄地点：广西壮族自治区百色市那坡县
拍摄时间：2018年4月28日

168

纹吉丁
Coraebus sp.

　　纹吉丁属是种类很多的属，属内不同种类不易区别。体长一般在
6～12 mm，体形较为粗壮，鞘翅后部更显宽圆，体色一般为金属蓝绿色
或铜绿色，大多数种类在鞘翅中后部有数目不等的波浪状带纹，带纹由
灰白色鳞毛形成。常见于枯木表面或灌木叶片上，善飞行。

吉丁虫科 Buprestidae
拍摄地点：云南省文山壮族苗族自治州马关县
拍摄时间：2018年4月22日

郭公虫
Cleridae

　　体长约10 mm。体浅棕褐色，全身被金黄色直立毛，体表刻点密。鞘翅灰褐色。复眼大，呈C形。触角端部3节膨大。幼虫栖息于朽木中，成虫捕食性。

郭公虫科 Cleridae
拍摄地点：云南省文山壮族苗族自治州马关县
拍摄时间：2018年4月21日

170

筒蠹
Lymexylidae

　　体细长，近圆柱形，柔软。头小。复眼黑色，极为发达；前胸背板长大于宽，近方形；鞘翅分为长翅型和短翅型，长翅型可盖住腹端，短翅型其鞘翅约与前胸背板等长，后翅发达，但不及腹端，也不折叠；前、中足基节大，呈圆锥形。成、幼虫均为菌食性，幼虫可蛀入坚硬木材，造成危害。

筒蠹科 Lymexylidae
拍摄地点：云南省文山壮族苗族自治州麻栗坡县
拍摄时间：2018年4月23日

红斑蕈甲
Episcapha sp.

　　体长约12 mm。体近长卵圆形，体背较拱隆；黑色具光泽，鞘翅具2组橙红色锯齿状斑纹。头部较小，触角到达前胸背板基部，末端3节扩大呈扁平状；前胸背板横长，前角突出，基缘中部突出；鞘翅末端圆弧，表面细刻点列略可见；跗节略加宽。

大蕈甲科　Erotylidae
拍摄地点：云南省文山壮族苗族自治州麻栗坡县
拍摄时间：2018年4月24日

172

大突肩瓢虫
Synonycha grandis

　　体长11～14 mm，体宽10.2～13.2 mm。虫体周缘近于圆形，拱起。头部黄色。前胸背板黄色，其中央有梯形大黑斑，基部与后缘相连，小盾片黑色。鞘翅黄色，上有13个黑斑。以甘蔗棉蚜及其他蚜虫为食。在我国分布于广西、云南、贵州、广东、福建等地。

瓢虫科　Coccinellidae
拍摄地点：广西壮族自治区崇左市
拍摄时间：2014年9月20日

柯氏素菌瓢虫
Illeis koebelei

体长3.5～5.1 mm，体宽3～4 mm。体黄色或乳白色，鞘翅上没有斑纹，前胸背板基部常有2个黑斑，加上透过前胸背板的黑色复眼，看起来好像前胸有4个黑斑。可在多种作物、树木上取食白粉菌，有时也会取食其他小虫。在我国分布于云南、四川、广西、河北、山西、陕西、浙江、湖南、福建、台湾、广东等地。

瓢虫科 Coccinellidae
拍摄地点：云南省红河哈尼族彝族自治州金平苗族瑶族傣族自治县
拍摄时间：2018年4月18日

狭臀瓢虫
Coccinella transversalis

　　体长5～7 mm。体近卵形，后端狭缩尖出，背面拱起显著，无毛。前胸背板黑色，前角各具一近方形橘红色斑。小盾片黑色。鞘翅基色为红黄色且有黑色的斑纹，鞘缝自小盾片两侧延至末端之前为黑色，在小盾片下黑色部分向两侧扩展成长圆形斑，在末端向外扩展成三角形斑，每一鞘翅上各有3列黑色斑纹。在我国分布于云南、广西、贵州、西藏、台湾、福建、广东、海南等地。

瓢虫科 Coccinellidae
拍摄地点：云南省文山壮族苗族自治州麻栗坡县
拍摄时间：2018年4月23日

六斑异瓢虫
Aiolocaria hexaspilota

体长8～12 mm，体宽7～9 mm。体近宽卵形，中度拱起，无毛。前胸背板黑色，两侧具白色或浅黄色大斑。小盾片黑色，近三角形。鞘翅具红、黑两色，斑纹变化多。鞘翅的外缘和鞘缝总呈黑色，鞘翅的中、后部有1条黑色的横带，或者横带分裂成两个部分，此外在翅的基部及近端部各有1个黑斑，常与翅中的横斑相连，有时端斑不明显。在我国分布广泛。

瓢虫科 Coccinellidae
拍摄地点：陕西省西安市周至县
拍摄时间：1993年4月29日

176

六斑月瓢虫
Cheilomenes sexmaculata
(*Menochilus sexmaculatus*；*Menochilus quadriplagiatus*)

　　体长约6 mm。前胸背板黑色；小盾片黑色；鞘翅基色为红色或橘红色，周缘黑色。本种外观个体差异极大，绝大多数个体前胸背板有明显的锚形黑色斑纹，其余部分与头部则为白色底色。每翅有3条黑色横带或斑纹：第1条在近基部处，其前缘中部突出；第2条几乎横贯鞘翅中部，前、后缘呈波曲状；第3条位于鞘翅近端部，近卵圆形。鞘翅上的斑纹常有不同程度的扩大、合并或消失，图片所示的就是十字形宽黑带的六斑月瓢虫。在我国分布于贵州、广西、云南、四川、重庆、河北、湖南、广东、福建、台湾等地。

瓢虫科 Coccinellidae
拍摄地点：贵州省黔东南苗族侗族自治州雷山县
拍摄时间：2005年5月30日

雌虫

龟纹瓢虫
Propylea japonica

　　体长3.5～4.7 mm，体宽2.5～3.2 mm。头部白色或黄白色，头顶黑色，雌虫额中部有一黑斑，或与黑色的头顶相连。前胸背板白色或黄白色，中基部具1个大的黑斑。鞘翅黄色、黄白色或橙红色，翅侧缘半透明。翅面斑纹有多型变化，典型的是龟纹型；斑纹扩大型可致鞘翅全部黑色；斑纹缩小者可使斑纹消失，除黑色翅缝外没有黑斑。在我国分布广泛。

瓢虫科　Coccinellidae
拍摄地点：云南省文山壮族苗族自治州麻栗坡县
拍摄时间：2018年4月23日

178

黄斑盘瓢虫
Lemnia saucia

　　体长5～7mm，体宽4～6 mm。体形近半球形，体背强烈拱起。雄性头部白色，雌性黑色。前胸背板黑色，两侧具白色大斑，可达背板的后缘。鞘翅黑色，近中央具1个近椭圆形（横向）或圆形斑，黄色或橙红色，此斑可扩大，横径可达鞘翅宽的3/4。栖息于多种植物，捕食多种蚜虫以及木虱、飞虱等。在我国分布于南方地区。

瓢虫科 Coccinellidae
拍摄地点：贵州省黔东南苗族侗族自治州雷山县
拍摄时间：2005年5月30日

厚颚食植瓢虫
Epilachna crassimala

　　体长5.2～6.5 mm，体宽3.7～4.4 mm。体近卵形。前胸背板黑斑靠近前缘，偶尔也会有两侧各有一个黑斑的个体。两侧鞘翅各有5个黑斑，通常各自独立，有时第3、4斑会相互连接成为横带，但不达两侧边缘，横带距离翅缘较鞘缝近，有时第6斑可以收缩变小甚至不明显。在我国分布于贵州、四川、台湾等地。

瓢虫科 Coccinellidae
拍摄地点：贵州省黔东南苗族侗族自治州雷山县（雷公山国家级自然保护区）
拍摄时间：2005年6月3日

茄二十八星瓢虫
Henosepilachna vigintioctopunctata

　　体长5.3～6.8 mm，体宽4.4～5.6 mm。体形近宽卵圆形，背面强烈拱起，被毛。身体背面黄褐色。前胸背板从无斑到7个斑，第3、4斑常相连。鞘翅上的斑纹也有很多变化，从典型的28个斑减至12个斑，或黑斑相连合并致背面全部黑色。在我国分布于大部分地区。

瓢虫科 Coccinellidae
拍摄地点：云南省红河哈尼族彝族自治州金平苗族瑶族傣族自治县
拍摄时间：2018年4月18日

波氏裂臀瓢虫
Henosepilachna boisduvali

　　体长5.9～7.9 mm，体宽5～6.5 mm。体近卵圆形，背部强烈拱起。背面淡褐红色。前胸背板通常无斑，稀有1个不明显的斑。鞘翅两边各有6个黑斑；第3斑比第1斑和第5斑远离鞘缝，第3斑和第5斑离鞘缝的距离相近；第3斑常为卵形，端部指向鞘缝；第4斑近于圆形，接近翅缘或横向拉长，与翅缘相接。取食龙葵等茄科植物。在我国分布于广西、广东、台湾等地。

瓢虫科 Coccinellidae
拍摄地点：广西壮族自治区百色市那坡县
拍摄时间：2018年4月28日

马铃薯瓢虫
Henosepilachna vigintioctomaculata

　　体长6~9 mm，体宽5~7 mm。体周缘近于卵形或心形，背面强烈拱起，被毛。前胸背板的第3斑、第4斑和第7斑相连成1个近似三角板的黑板，第1斑和第5斑、第2斑和第6斑联合或独立。每一鞘翅有14个斑，变斑常小于或近似基斑的大小，某些斑纹常出现相连。鞘翅端角无角状突出。在我国分布广泛。

瓢虫科 Coccinellidae
拍摄地点：北京市海淀区
拍摄时间：2006年8月15日

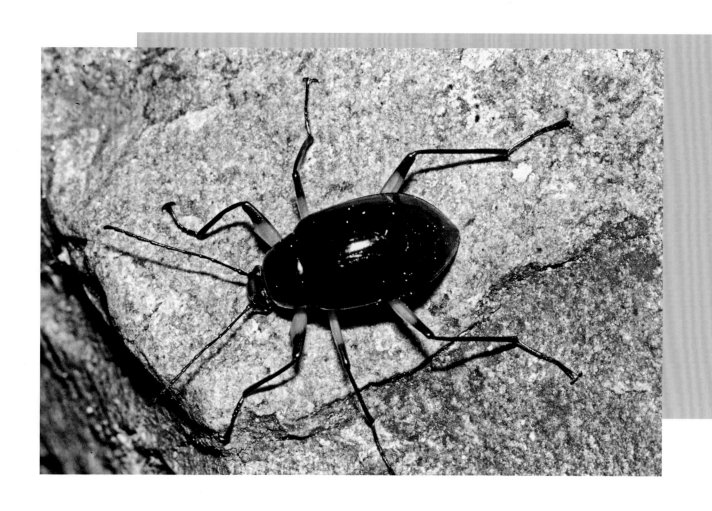

邻烁甲
Plesiophthalmus sp.

　　体长约13 mm。体形近卵圆形且拱隆；体黑色具强烈光泽，各足腿节鲜黄色。头顶光洁，触角细长，长于体长一半，口须末节膨大；前胸背板较平坦；鞘翅光洁，肩部宽，末端尖圆，具细刻点列；各足细长。在我国分布于四川、湖北等地。

拟步甲科　Tenebrionidae
拍摄地点：湖北省恩施土家族苗族自治州利川市（星斗山国家级自然保护区）
拍摄时间：1989年7月24日

185

豆芫菁
Epicauta sp.

　　体长10～20 mm。体黑色，头部通常橙红色，一些种类鞘翅具白色条纹；体壁柔软，无长毛；触角及胫节有时具毛；触角呈丝状、念珠状或锯齿状。

芫菁科 Meloidae
拍摄地点：广西壮族自治区百色市那坡县
拍摄时间：2018年4月28日

186

橙斑白条天牛

Batocera davidis

　　体长51～68 mm。黑褐色至黑色，被较稀疏的青棕灰色细毛。前胸背板中央有1对黄色或乳黄色肾形斑。小盾片密生白毛。每个鞘翅有几个大小不同的近圆形橙黄色或乳黄色斑纹；每翅大约5个或6个主要斑纹，另外尚有几个不规则小斑点，分布在一些主要斑的周围。体腹面两侧由复眼之后至腹部末端，各有1条相当宽的白色纵条纹。雄虫触角超出体长的1/3，雌虫触角较体略长。在我国分布于云南、四川、广东、陕西、河南、浙江、江西、湖南、福建、台湾等地。

天牛科 Cerambycidae
拍摄地点：广东省惠州市博罗县（象头山国家级自然保护区）
拍摄时间：2008年7月4日

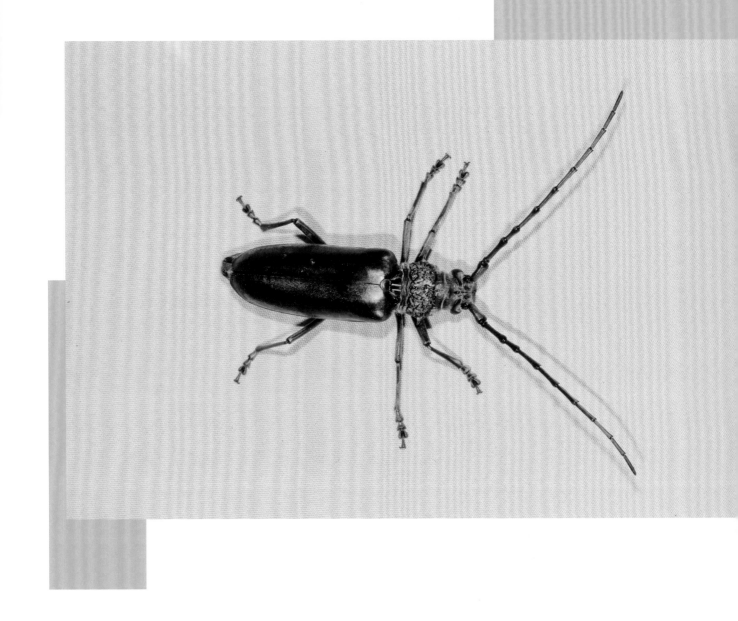

卡氏肿角天牛
Neocerambyx katarinae

  体大型，被光洁平滑的铜色丝光细绒毛。头部额中间突起，周缘深陷，从触角基瘤至复眼上叶间背方中央有深沟；雄虫触角约为体长的2倍，柄节短粗，约与第4节等长，以后各节渐次稍长，第11节扁狭，长为第3节的2倍，第3～5节显著粗大；雌虫触角约为体长的3/4，第3～5节不粗大，第6～10节外端稍尖突。前胸背板前端具1条深横沟，后端有2条深横沟，背面具不规则粗皱脊。鞘翅光滑，末端浑圆。在我国分布于云南、广西、福建、广东、海南等地。

天牛科　Cerambycidae
拍摄地点：云南省文山壮族苗族自治州麻栗坡县
拍摄时间：2018年4月23日

榕指角天牛
Imantocera penicillata

    体长11～20 mm。体黑色。体背面被黑色、黄色、棕褐色及灰色相互嵌镶的绒毛；前胸背板两侧各有1个较小的长形绒毛斑纹，小盾片被黄色绒毛；每个鞘翅端末有1个黄色或黄褐色绒毛眼状斑纹。触角第4节下沿端部1/2处具毛刷状簇毛。前胸背板侧刺突呈圆锥形，中部有1条细纵凹，胸腹面中区有6个瘤突。鞘翅基部中央有颗粒状纵脊隆突，肩及基部分布有颗粒。在我国分布于云南、贵州等地。

天牛科 Cerambycidae
拍摄地点：云南省红河哈尼族彝族自治州金平苗族瑶族傣族自治县
拍摄时间：2018年4月18日

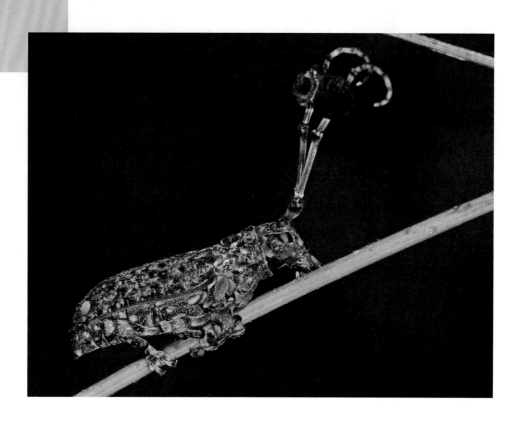

白星鹿天牛
Macrochenus tonkinensis

体长12～30 mm。体基色黑色，体被绒毛较稀，斑纹乳白色或白色。触角长于体，从第4节起各节基部具小的白环。头顶纵纹3条，中央1条，两侧各有1条，从复眼后缘直达前胸前缘。前胸背板纵纹2条，与头顶的2条相连。小盾片端略被白色绒毛，不甚明显。鞘翅斑点颇多变异，一般具相当多的小型圆斑点，排成微弯的直行。鞘翅末端凹切。在我国分布于云南、贵州、广西、湖北、广东、海南等地。

天牛科　Cerambycidae
拍摄地点：云南省文山壮族苗族自治州麻栗坡县
拍摄时间：2018年4月24日

星天牛
Anoplophora chinensis

    体长19～39 mm。体漆黑色，有时略带金属光泽，具小白斑点。触角第2～11节每节基部有淡蓝色毛环。前胸背板无明显毛斑。小盾片一般具不显著的灰色毛。鞘翅具小型白色毛斑，排列成不整齐的5横行；斑点变异很大，有时消失、合并等。前胸背板侧刺突粗壮。鞘翅基部具大小不等的致密颗粒。雌虫触角超过身体1～2节，雄虫超出4～5节以上。在我国分布于四川、贵州、广西、湖北、河北、北京、山东、江苏、浙江、陕西、山西、甘肃、湖南、福建、广东、香港、海南等地。

天牛科 Cerambycidae
拍摄地点：湖北省恩施土家族苗族自治州利川市（星斗山国家级自然保护区）
拍摄时间：1989年7月30日

蜡斑齿胫天牛
Paraleprodera carolina

体长21～28 mm。体黑色，全体密被棕色细毛，散布白色或黄色斑纹。头部复眼后颊上、胸部和腹部腹面，足的胫节、腿节上均散布不规则的小白斑。额和触角柄节有灰黄色毛的花斑，触角第3节基部2/3被灰黄色毛，以下各节基部被灰白色毛，头顶至后头有宽广的黄白色纵带，前方中央下陷部和后方中央两侧三角形小区呈黑褐色。前胸背板有4条黄白色纵带，背中线两侧各1条，侧刺突下各1条。鞘翅上有较大而鲜明的近圆形的黄白色油漆样或蜡样斑点，基半部和端半部各3个，内侧1个，外侧2个，基半部外侧第3个往往较大，而非整圆形。在我国分布于贵州、四川、云南、重庆、浙江、福建、湖北、湖南、江苏、台湾等地。

天牛科 Cerambycidae
拍摄地点：贵州省铜仁市（梵净山国家级自然保护区）
拍摄时间：2001年5月下旬

苜蓿多节天牛
Agapanthia (Amurobia) amurensis

体长10～21 mm。体色深蓝或紫蓝色，有金属光泽。触角黑色，柄节及第3节端部具簇毛，自第3节起各节基部被淡灰色绒毛。前胸背板长宽相等或宽略大于长；头部和胸部刻点粗深，每个刻点均着生了黑色长竖毛。小盾片近半圆形。鞘翅狭长，宽于前胸，两侧基本平行，端部近圆形。在我国分布于四川、黑龙江、吉林、内蒙古、北京、河北、陕西、山东、河南、宁夏、新疆、江苏、浙江、江西、湖南、湖北、福建等地。

天牛科 Cerambycidae
拍摄地点：北京市昌平区（白羊沟自然风景区）
拍摄时间：2011年7月5日

苎麻双脊天牛
Paraglenea fortunei

　　体长9～17 mm。体被十分厚密的绒毛，颜色从淡绿到浅蓝色，并有由底色和黑绒毛形成黑色的斑纹。前胸背板淡色，中区两侧各有1个圆形黑斑。鞘翅黑斑变异很大，基本类型为每一鞘翅上有3个大的黑斑，第1个位于翅基部外侧；第2个稍下，位于中部之前；第3个处于端部1/3处，通常是由2个斑点合并形成，中间常留有淡色小斑。触角略长于身体。雌雄差别不大。在我国分布于四川、广西、江西、河北、江苏、安徽、浙江、湖南、福建、广东等地。

天牛科 Cerambycidae
拍摄地点：江西省九江市庐山市（庐山风景区）
拍摄时间：2010年7月27日

膜花天牛
Necydalis sp.

　　体长形，鞘翅短缩，大部分膜翅外露。触角、鞘翅和足呈红褐色至黑褐色。本种十分奇特美丽。

天牛科 Cerambycidae
拍摄地点：云南省红河哈尼族彝族自治州金平苗族瑶族傣族自治县
拍摄时间：2018年4月19日

沟翅珠角天牛
Pachylocerus sulcatus

体长18～28 mm。体红褐色，触角第2～5节基部黑色。前胸背板及鞘翅褐色，色泽较暗，每翅有5或6条红褐色纵条纹，有的条纹不完整，条纹上着生金黄色绒毛，暗褐色部分着生黑色绒毛。体腹面光滑，有少许短毛。触角粗短，一般长达鞘翅中部，柄节膨大，第3～5节粗大，呈球形，似念珠状，以下各节扁阔，各节端角呈锯齿形。前胸背板前端较窄，两侧缘微呈弧形，无侧刺突，但中部稍突出。胸面具横皱纹。鞘翅较短、两侧平行，后端尖圆。在我国分布于云南、广西、四川等地。

天牛科 Cerambycidae
拍摄地点：云南省昆明市（人工饲养拍照）
拍摄时间：2018年4月30日

丛角天牛
Thysia wallichi

　　体长27～42 mm，体背面橄榄绿色，有时绿中带蓝，但一般或多或少带紫铜色，鞘翅上尤为显著。触角蓝绿色闪光，生有多丛黑毛，柄节下沿簇毛亦很密。前胸背板前后缘区生有朱红色绒毛。每一鞘翅上有3条横黑斑，第2、3条有时也中断而分割为二。腹面朱红色绒毛极为耀眼，在腹部1～4节则每节都形成红色横带，在各足基节及腿节基部亦各形成耀眼的红斑点。在我国分布于云南、四川、贵州、广西、广东等地。

天牛科　Cerambycidae
拍摄地点：云南省文山壮族苗族自治州马关县
拍摄时间：2018年4月23日

黄点棱天牛
Xoanodera maculata

体长约20 mm。体近圆筒形。全体红褐色，具稀疏金黄色细短毛。小盾片厚，被赤金色短毛。鞘翅具鲜明的赤金色小毛斑，大小不一致，基半部较稀疏，端半部较密。触角第3节略长于柄节，第5～10节外缘扁薄，外端角突出呈锯齿状。前胸背板长大于宽，前端较头部稍狭，后端较头部稍宽，背方隆突，两侧膨大，表面光滑无毛，有整齐的纵棱脊，脊面光亮，脊间沟深而平滑。鞘翅两侧近于平行，翅端稍斜凹截。在我国分布于云南、广西、四川、湖南、福建、台湾、海南等地。

天牛科 Cerambycidae
拍摄地点：云南省红河哈尼族彝族自治州河口瑶族自治县
拍摄时间：2018年4月20日

毛角蝱天牛
Tetraglenes hirticornis

体长6～16 mm。体极细长，近梭形，暗红棕色，密被鼠灰色短绒毛。头部背面中央及两侧各具一灰黑色纵纹向后延，前胸背面有3条长纵沟延伸至前胸后缘。鞘翅基部中央各具一灰黑色宽纵纹，中部仅具不连续的暗色点。头部与前胸等宽，强烈向后倾斜。复眼很小，上、下叶分开。触角仅略超过体长，柄节长于第3节2倍，第3～11节外侧具很长的直立缨毛。鞘翅末端尖锐。足短。在我国分布于广西、云南、贵州、浙江、福建、广东、海南、香港等地。

天牛科　Cerambycidae
拍摄地点：广东省深圳市龙岗区（大鹏半岛国家地质公园）
拍摄时间：2010年8月24日

合爪负泥虫
Lema sp.

　　体长约5 mm。头部、触角、前胸背板、鞘翅和前足腿节橙黄色；触角末端、足大部、体腹面黑色，被少许白色绒毛。爪基半部合生，鞘翅刻点粗大且排列规则。在我国分布于云南、四川等地。

负泥虫科　Crioceridae
拍摄地点：云南省红河哈尼族彝族自治州河口瑶族自治县
拍摄时间：2018年4月20日

短角负泥虫
Lema (Petauristes) crioceroides

体长7～8.7 mm，体宽2.8～3.5 mm。体近于圆筒形，两侧平行；触角、体腹面和足黑色，头、前胸背板、小盾片和鞘翅红褐色或黄褐色。头在眼后强烈收缩，头顶突起，有稀疏刻点，中央有清楚的细纵沟；触角较粗壮，刚超过翅肩，基节和末节红褐色。前胸背板长微大于宽，盘区拱突，有细小刻点。小盾片末端平截，基部被少量细毛。鞘翅凸，端部行距前列隆起，形成数条脊线。体腹面和足被稀疏银白色毛。在我国分布于云南、广西等地。

负泥虫科 Crioceridae
拍摄地点：云南省文山壮族苗族自治州麻栗坡县
拍摄时间：2018年4月24日

耀茎甲蓝色亚种

Sagra fulgida janthina

　　体长7～14 mm。体深蓝色略带紫色，具光泽。前胸背板及鞘翅均被稀疏刻点；中胸腹板末端部为马蹄形；雄虫后腿节下缘里面被密毛丛，端部下缘有3个小齿，后胫节端部极度弯曲，外缘中部具一长齿，内缘具一小齿；雌虫腿节下缘具小锯齿，后胫节末端简单。在我国分布于广西、四川、贵州、湖北、广东等地。

负泥虫科　Crioceridae
拍摄地点：广西壮族自治区百色市那坡县
拍摄时间：2018年4月28日

锚阿波萤叶甲
Aplosonyx ancorus ancorus

　　体长超过10 mm。体背、触角、足黄褐色，前胸背板有2个黑斑，小盾片黑褐色，鞘翅基部在肩角内侧黑色，中缝黑色直达中部，中部有1条较宽的蓝黑色横带；身体腹面两侧黑色，中部黄褐色；后足腿节中部具黑斑。取食海芋，取食前在叶片上画出圆圈，然后取食圆圈内的叶片。在我国分布于广西、云南、海南、福建、广东等地。

叶甲科 Chrysomelidae
拍摄地点：海南省五指山市（五指山国家级自然保护区）
拍摄时间：1997年6月上旬

宽缘瓢萤叶甲
Oides maculatus

体长9～13 mm，体宽8～11 mm。体黄褐色，近卵圆形，触角末端4节黑褐色，基部的2～3节黄褐色；前胸背板具不规则的褐色斑纹，有时消失；每个鞘翅有1条较宽的黑色纵带，个别有完全淡色的现象，其宽度略宽于翅面最宽处的1/2，后胸腹板和腹部黑褐色。鞘翅缘折是翅宽的1/3，翅面生有细小的刻点。在我国分布于广西、四川、贵州、云南、江西、陕西、江苏、安徽、浙江、湖北、湖南、福建、台湾、广东等地。

叶甲科 Chrysomelidae
拍摄地点：江西省九江市庐山市（庐山风景区）
拍摄时间：2010年7月28日

蓝翅瓢萤叶甲
Oides bowringii

　　体形似瓢虫。体色为黄褐色，触角末端4节黑色，鞘翅为金属蓝或绿色，周缘黄褐色。胫节末端及跗节黑褐色。触角较短，不及体长的一半；前胸背板前缘深凹；鞘翅中部向外膨阔，缘折小于鞘翅的1/4。在我国分布于四川、广西、云南、贵州、福建、广东、海南、浙江、湖南、湖北、江西等地。

叶甲科 Chrysomelidae
拍摄地点：湖北省恩施土家族苗族自治州宣恩县
拍摄时间：1989年8月上旬

三带大萤叶甲
Meristata trifasciata

　　体长16 mm以上，属于大型萤叶甲。头部、触角、前胸背板、小盾片紫黑色。鞘翅橘红色，翅面上有3条紫蓝色横带，可与本属其他种类相区别。头部突显，触角细长，稍微短于体长；前胸背板宽大于长，盘区有凹窝；鞘翅基部明显宽于前胸背板，翅面生有密集刻点。在我国分布于云南等地。

叶甲科 Chrysomelidae
拍摄地点：云南省保山市腾冲市
拍摄时间：1992年5月26日

207

萤叶甲
Chrysomelidae

　　体形较长。头、触角、前胸足胫节以及跗节黑褐色，鞘翅红色。前胸背板宽约为长的2倍，两侧缘和前缘较平直，基缘向后拱突；每翅基部1/3处近中缝处有短横凹。

叶甲科 Chrysomelidae
拍摄地点：广西壮族自治区百色市那坡县
拍摄时间：2018年4月28日

杨叶甲
Chrysomela populi

　　体近长椭圆形。头、前胸背板蓝色或蓝黑色、蓝绿色，具铜绿光泽；鞘翅棕黄色至棕红色，中缝顶端常有一小黑斑；腹面黑色至蓝黑色；腹部末3节两侧棕黄色。是杨柳科植物的主要害虫。在我国分布于除华南以外的大部分地区。

叶甲科　Chrysomelidae
拍摄地点：河北省张家口市涿鹿县（小五台山国家级自然保护区杨家坪管理区）
拍摄时间：2005年8月20日

普通角伪叶甲
Cerogira popularis

　　个体大小变化大，体长14~18 mm。通体黑色，鞘翅具有强烈的金绿色至铜绿色光泽，前胸背板大多具有紫绿色光泽，少数为铜绿色光泽；全身密被半竖立的白色长绒毛，以背面的毛为最长。在我国分布于云南、广西、四川、重庆、贵州、山东、福建等地。

伪叶甲科　Lagriidae
拍摄地点：云南省红河哈尼族彝族自治州金平苗族瑶族傣族自治县
拍摄时间：2018年4月18日

椰心叶甲
Brontispa longissima

　　体长8～10 mm，宽约2 mm。体形扁平狭长，雄虫比雌虫略小。触角粗线状，11节，黄褐色，端部4节色深。前胸背板黄褐色，略呈方形，具不规则的粗刻点；前侧角圆，向外扩展，后侧角具一小齿。鞘翅两侧基本平行，往端部收窄，端部稍平截；中前部有8列刻点，中后部10列，刻点排列整齐。鞘翅有时全为红黄色，有时后面部分（甚至整个）全为蓝黑色，鞘翅的颜色因分布地区不同而有所不同。在我国分布于云南、广东、海南等地。

叶甲科　Chrysomelidae
拍摄地点：云南省红河哈尼族彝族自治州河口瑶族自治县
拍摄时间：2018年4月21日

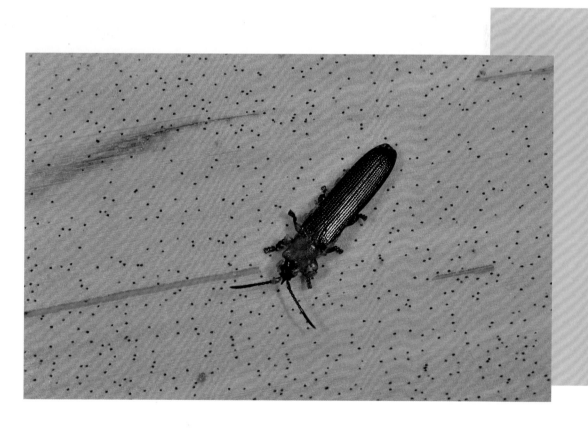

甘薯蜡龟甲
Laccoptera quadrimaculata

　　成虫体长约8 mm，体近三角形，蜡黄色至棕褐色。前胸背板中部通常有2个小黑斑，鞘翅盘区有数个黑斑，敞边近肩角处及中后部及后部翅缝处各具黑斑。鞘翅基部远宽于前胸背板；肩角强烈向前延长，到达前胸背板中部；敞边较宽；鞘翅中部强烈隆起。在我国广泛分布于华北、华中、华南、西南地区。

铁甲科　Hispidae
拍摄地点：云南省红河哈尼族彝族自治州金平苗族瑶族傣族自治县
拍摄时间：2018年4月19日

213

狭叶掌铁甲
Platypria alces

成虫体长5 mm。底色淡棕黄色，背面大部分黑色；前胸背板侧叶黄色，侧叶端部黑色；鞘翅背刺及前后叶大部分黑色，前后叶之间的敞边黄色。前胸背板侧叶狭长，具5刺，最靠后一刺较小；鞘翅前叶5刺，后叶3刺。在我国分布于云南、四川、海南等地。

铁甲科 Hispidae
拍摄地点：云南省红河哈尼族彝族自治州金平苗族瑶族傣族自治县
拍摄时间：2018年4月19日

214

金绿卷象
Byctiscus sp.

　　体长约7 mm。体表绿色，有强烈的金属光泽。喙短于前胸，触角较短，端部3节明显膨大；前胸背板前端收窄，雄虫前角处具刺突；鞘翅呈方形，长略大于宽，宽度大于前胸背板。在我国分布于贵州、重庆等地。

卷象科　Attelabidae
拍摄地点：贵州省黔东南苗族侗族自治州雷山县（雷公山国家级自然保护区）
拍摄时间：2005年6月3日

竹直锥象
Cyrtotrachelus longimanus

体长18～35 mm。体棕黄色，头部、触角、跗节、腿节端部黑色，前胸背板基部具黑色不规则圆形斑，鞘翅基部及端部黑色。体表光滑，不被鳞毛。喙直而粗壮，短于前胸。触角位于喙的基部，其棒节合成靴状，触角端节扩大成三角形。前胸近盾形，基部和端部略呈黑色，小盾片黑色。鞘翅肩部较宽，向后缩窄；表面平坦，具纵沟。在我国分布于广西、四川、云南、福建、浙江、湖南、江西、台湾等地。

象甲科 Curculionidae
拍摄地点：福建省南平市武夷山市（武夷山国家级自然保护区）
拍摄时间：1985年5月下旬

红棕榈象
Rhynchophorus ferrugineus

　　成虫体长22～33 mm，体宽10～14 mm。体红褐色，前胸具2排黑斑，前排3个或5个，中间的一个稍大，两侧的较小，后排3个，均较大。鞘翅边缘和鞘翅缝黑色，有时鞘翅全部暗黑褐色。身体腹面黑红相间，各足基节和转节黑色，腿节和胫节末端黑色，跗节黑褐色。触角柄节和索节黑褐色，棒节红褐色。喙细长，近直，雄虫长为宽的9倍，雌虫长为宽的14.5倍。在我国分布于广西、云南、台湾、广东、福建、浙江、海南等地。

象甲科 Curculionidae
拍摄地点：北京（活体标本来自广西壮族自治区贵港市）
拍摄时间：2005年1月14日

鱗翅目
LEPIDOPTERA

金斑喙凤蝶
Teinopalpus aureus

　　雄蝶翅面翠绿色，前翅外缘有2条黑带，前缘至后缘近后角有1条黄绿色斜带；后翅中域有一大型金黄色斑，中室端斑纹黑色，外缘锯齿状，亚缘有新月形绿斑和黄斑，尾突细长，端部黄色。雌蝶前翅淡黑色，外缘带黑色，亚外缘有一细绿色带，中室外从前缘到后缘有2条灰白色带，从前缘经中室中部到后缘有1条白色斜横带，后翅外缘锯齿状，中域为大型乳白色斑，M_1脉延伸的尾突较细长，端部黄色。图示为标本照片。在我国分布于广西、海南、广东、福建、江西、浙江、湖南等地。

凤蝶科　Papilionidae
中国保护等级：Ⅰ级
世界自然保护联盟（IUCN）评估等级：数据缺乏（DD）
濒危野生动植物种国际贸易公约：附录Ⅱ
拍摄地点：北京（国家动物博物馆）
拍摄时间：2009年4月30日

背面观

腹面观

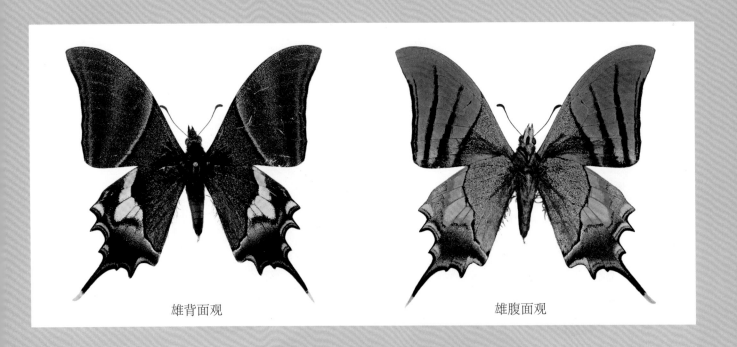

雄背面观 雄腹面观

雌背面观　　　　　　　　　　　　　　雌腹面观

金带喙凤蝶
Teinopalpus imperialis

　　雄性小于雌性。前翅翅端至身体（胸部）长度为52～62mm。后翅最长尾突顶端至身体（胸部）长度为52～62mm。最长尾突长为15～18mm，顶部黄色。

　　前翅背面明显呈淡绿色，后翅有数条长尾突。雌性更大，有5条不同长度的尾突。其中2条尾突较其他尾突长出很多。雌性翅基部深绿色，有浅色和深色的横带。雄性翅基部深绿色，该深绿色部分的外缘有一边缘黑色的黄色细横纹，其后交替分布深色和浅色横带。后翅背面：雌性翅基部深绿色，中域淡绿或灰绿色。近内缘有黄赭色或亮黄色小斑。边缘暗，略呈紫色。尾突2长3短；最长尾突顶端金黄色。雄性翅基部深绿色，有亮黄色斑；暗淡紫色边缘有少数黄斑；2个尾突，长的尾突顶端金黄色。前翅腹面浅灰色，具深色线纹。后翅腹面翅基部绿色，边缘绿色有黑边；大黄斑近矩形，前部较暗。图示为标本照片。在我国分布于四川、湖北等地。

凤蝶科　Papilionidae
世界自然保护联盟（IUCN）评估等级：近危（NT）
濒危野生动植物种国际贸易公约：附录Ⅱ
拍摄地点：北京（国家动物博物馆）
拍摄时间：2009年4月30日

玉斑凤蝶
Papilio helenus

　　翅面黑色，后翅具相连的3个白斑，雄蝶臀角处有模糊的2个红色新月形斑；后翅反面在亚缘处有1列新月形红斑，臀角处有2个红圈斑。雌蝶后翅白斑同雄蝶，白斑与臀角间有红色斑，在亚缘处有1列红色新月形斑，在臀角处有2个红色圈斑。在我国分布于长江以南地区。

凤蝶科 Papilionidae
拍摄地点：广西壮族自治区百色市那坡县
拍摄时间：2018年4月27日

美凤蝶
Papilio memnon

　　大型凤蝶，雄蝶无尾突，类似蓝凤蝶，但后翅更宽大，后翅正面臀角无红斑，前缘无白色区，反面后翅前角无红斑，反面前后翅基部均有红斑。雌蝶多型，尾突有或无，后翅宽大且中域有白斑。在我国分布于西南、中南、华东、华南等地区。

凤蝶科 Papilionidae
拍摄地点：广东省深圳市
拍摄时间：2008年7月5日

蓝凤蝶西南亚种
Papilio protenor euprotenor

　　雄蝶前翅黑色，后翅前缘白色，臀角处有红环；翅反面外缘有3个弧形红斑，臀角处具3个红斑，个别雄蝶后翅反面从前缘中部到臀角具1列大红斑。雌蝶前翅同雄蝶，后翅正面臀角有1个弧形红斑和1个围有红环的黑斑。在我国分布于大部分地区。

凤蝶科　Papilionidae
拍摄地点：广东省深圳市
拍摄时间：2010年8月24日

钩凤蝶
Meandrusa payeni hegylus

　　翅面赭黄色，前后翅有褐色斑点分布，前翅顶角向外有钩状突出，尾突也向外弯成钩状，外缘和亚外缘具模糊褐色斑列，在前翅后部与后翅前部合成2列。在我国分布于云南、海南等地。

凤蝶科 Papilionidae
拍摄地点：海南省五指山市（五指山国家级自然保护区）
拍摄时间：1997年5月下旬

227

二尾褐凤蝶
Bhutanitis mansfieldi

　　前翅翅端至身体（胸部）长度为45～48 mm；后翅最长尾突顶端至身体（胸部）长度为46～50 mm，最长尾突长为16～18 mm。前翅背面具起自翅前缘的较宽的外端和中央白色横带。后翅背面比前翅更明显呈淡黄白色；围绕翅端缘的黑带内侧橘红色，具2或3个蓝色斑点；边缘有淡黄色斑；最长的尾突棰形，顶端增宽。前翅腹面浅灰色，具淡黄色横纹。后翅腹面具浅黄色斑纹，略泛蓝色的黑斑前有1个狭窄、边缘黑色的带斑，翅端缘有2或3个黄斑。图示为标本照片。在我国分布于四川、云南等地（Colins和Morris认为云南记录有误）。

凤蝶科　Papilionidae
中国保护等级：Ⅱ级
世界自然保护联盟（IUCN）评估等级：易危（VU）
濒危野生动植物种国际贸易公约：附录Ⅱ
拍摄地点：北京（国家动物博物馆）
拍摄时间：2009年4月30日

背面观

腹面观

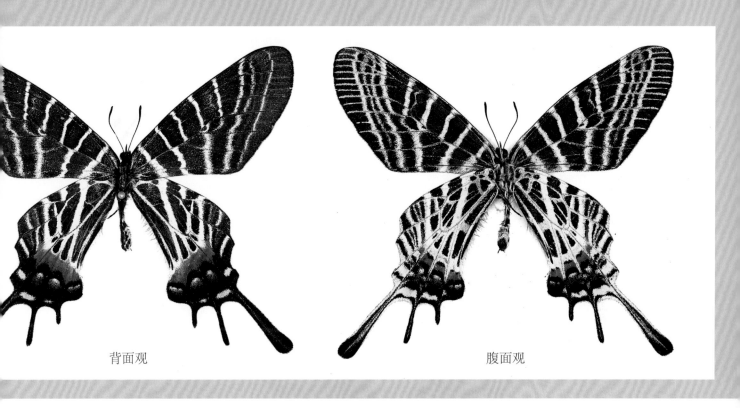

背面观

腹面观

三尾褐凤蝶
Bhutanitis thaidina

　　前翅背面黄棕黑色，具白色或淡黄色横纹。前翅腹面淡黄褐色，且具白色横纹。后翅背面与前翅颜色相似，部分斑纹甚细，有1个边缘波纹状的大红斑，紧接其后的蓝紫斑上通常有3个虹彩色小斑；近后缘有3个（极少4个）红斑；尾突3条，最外侧1条最长且呈匙形。后翅腹面淡褐色或黄褐色；橘红斑近边缘颜色偏黑，沿翅后缘有2或3个很短的红色斑纹。图示为标本照片。在我国分布于云南、四川、西藏、陕西等地。

凤蝶科 Papilionidae
中国保护等级：Ⅱ级
世界自然保护联盟（IUCN）评估等级：近危（NT）
濒危野生动植物种国际贸易公约：附录Ⅱ
拍摄地点：北京（国家动物博物馆）
拍摄时间：2009年4月30日

229

多尾凤蝶
Bhutanitis lidderdalii

前翅长度为52～58 mm，后翅长度55～65 mm；最长尾突长为13～16 mm。前翅背面：深褐色，具狭窄的淡黄色横纹，外缘横纹波状。后翅背面：具淡黄白色细纹；翅外缘具3条尖锐程度不等的长尾突，最外侧的一条最长；有1个很大的红色带斑，紧接其后的大黑斑上具2～3个略带淡紫色的小白斑；后缘常有3个黄赭色斑。前翅腹面：浅灰色，具很细的白色横纹。后翅腹面：灰色，具1个很大的粉红色斑；有3个大眼斑，眼斑中央白色，边缘黑色。寄主为马兜铃属植物。秋季发生，常在树冠层飞翔，有时在林间小路上吸水。图示为标本照片。在我国分布于云南、四川等地。

凤蝶科 Papilionidae
中国保护等级：Ⅱ级
世界自然保护联盟（IUCN）评估等级：无危（LC）
濒危野生动植物种国际贸易公约：附录Ⅱ
拍摄地点：北京（国家动物博物馆）
拍摄时间：2009年4月30日

背面观

腹面观

白翅尖粉蝶
Appias albina

　　雄蝶几乎无斑，前翅前角更尖，可与相近的宝玲尖粉蝶区分。雌蝶中室端部下半部分为白色底色，非黑色且无任何斑以至可与大部分尖粉蝶的雌蝶区分；前翅第3室内的中域黑斑外侧具白色鳞，可与雷震尖粉蝶区分。在我国分布于云南、台湾等地。

粉蝶科　Pieridae
拍摄地点：云南省文山壮族苗族自治州麻栗坡县
拍摄时间：2018年4月24日

东方菜粉蝶
Pieris canidia

  翅展45～60 mm。体躯细长，背面黑色，头部和胸部被白色绒毛；腹面白色。触角端部匙形。翅正面白色；前翅的前缘脉黑色，顶角有三角形黑色斑，并与外缘的黑色斑相连而延伸到Cu_2脉以下，黑色斑的内缘呈锯齿状；中部外侧有2枚黑色斑，后翅前缘中部有1枚黑色斑，这3枚黑色斑均较菜粉蝶（*P. rapae*）大而圆；后翅外缘脉端有三角形的黑色斑。翅反面白色或乳白色，除前翅2枚黑色斑外，其余斑均模糊。雌蝶斑纹较明显，反面基部的黑晕较雄蝶宽。在我国分布于除黑龙江和内蒙古外的地区。

粉蝶科 Pieridae
拍摄地点：云南省文山壮族苗族自治州马关县
拍摄时间：2018年4月21日

圆翅钩粉蝶
Gonepteryx amintha

　　体形较大，且前后翅尖角较钝，雄蝶正面翅色橙黄显著，雌蝶则为白色，两性后翅反面中室前脉及第7脉膨大极为明显。在我国分布于西南、华东等地区。

粉蝶科 Pieridae
拍摄地点：湖北省恩施土家族苗族自治州利川市（星斗山国家级自然保护区）
拍摄时间：1989年7月22日

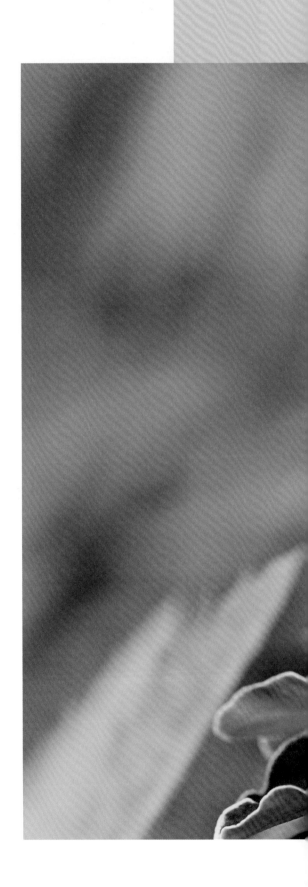

东亚豆粉蝶
Colias poliographus

　　雄蝶体长17～20 mm，翅展44～55 mm；雌蝶体长15～18 mm，翅展46～59 mm。体躯黑色。头胸部密被灰色长绒毛，头及前胸绒毛端部红褐色。腹部被黄色鳞片和灰白色短毛，腹面色较淡。触角红褐色，锤部色较暗，端部淡黄褐色。复眼浅灰色，下唇须黄白色，端部深紫色。足淡紫色，外侧较深。翅色变化较大，一般为黄色或淡黄绿色，前翅中室端部有一黑斑，外缘为一黑色宽带，带中中室有1列形状不规则的淡色斑，Cu_1与Cu_2脉色斑较大，M_3与Cu_1脉间缺淡色斑。后翅中室端部有一橙色斑，端带黑色模糊。在我国分布于四川、贵州、云南、西藏、北京、山西、内蒙古、辽宁、吉林、黑龙江、江苏、浙江、福建、江西、河南、湖北、湖南、海南、陕西、甘肃、青海、宁夏、新疆、台湾等地。

粉蝶科　Pieridae
拍摄地点：北京市昌平区（白羊沟自然风景区）
拍摄时间：2011年7月6日

234

宽边黄粉蝶
Eurema hecabe

  翅展30～45 mm。触角短，棒状部黑色。翅深黄色到黄白色。前翅前缘黑色，外缘有宽的黑色带，从前缘直到后角；雄蝶色深，中室下脉两侧有长形性标斑。后翅外缘黑带窄而界限模糊，或仅有脉端斑点。前翅反面满布褐色小点，前翅中室内有2个斑，室内端脉上有1个肾形斑。后翅反面有分散的小点，中室端有1条肾形纹。在我国分布于华北、华东、华南、中南、西南等地区。

粉蝶科 Pieridae
拍摄地点：广东省深圳市
拍摄时间：2010年8月23日

灵奇尖粉蝶海南亚种
Appias lyncida eleonora

　　雄蝶翅面白色，前翅前缘黑色，前后翅外缘黑带内侧呈锯齿状；翅反面前翅前缘褐色带可达中室，顶角有卵形黄斑，后翅反面黄色，外缘褐色带宽。雌蝶翅面浅黑色，前后翅各室有灰白色条纹；翅反面前翅中室内有一白条斑；后翅外缘为宽黑带，其余为黄色。在我国分布于广西、云南、海南、广东、台湾等地。

粉蝶科　Pieridae
拍摄地点：马来西亚吉隆坡
拍摄时间：2007年6月29日

237

拟旖斑蝶指名亚种
Ideopsis similis similis

　　前翅翅面浅黑色，斑纹浅蓝色，外缘具1列小斑，亚外缘具1列较大的斑，基部斑纹5条，其中中室上方1条，下方3条，中室内1条，中室外具齿状横斑1块；后翅翅面黑褐色，亚外缘和外缘具2列斑纹，基部脉纹7条，中室上1条，中室下4条，中室内2条。在我国分布于广西、海南、广东、福建、台湾、江西、浙江、湖北等地。

蛱蝶科 Nymphalidae
拍摄地点：马来西亚吉隆坡
拍摄时间：2007年6月29日

238

啬青斑蝶
Tirumala septentrionis

　　翅面黑褐色，斑纹浅青色半透明，前翅外缘具1列斑，亚外缘、中域有长短不一的斑或点。形态特征与*T. limniace limniace*相似，但斑纹较细。在我国分布于广西、四川、云南、广东、海南、福建、台湾等地。

蛱蝶科　Nymphalidae
拍摄地点：广东省深圳市
拍摄时间：2008年7月5日

幻紫斑蝶海南亚种
Euploea core amymore

　　翅面黑褐色。雄蝶前翅后缘突出呈弧状，顶区有3个小白斑，在前缘中部和中室端下方各具1个小白点，外缘白点列不明显，在Cu_2室有一性标斑；后翅前缘灰白色，外缘具1列白斑。雌蝶斑纹同雄蝶，但前翅后缘平直，无性标斑。在我国分布于广西、海南、广东、台湾等地。

蛱蝶科 Nymphalidae
拍摄地点：海南省儋州市（中国热带农业科学院海南热带植物园）
拍摄时间：1998年6月下旬

240

异型紫斑蝶
Euploea mulciber

　　紫斑蝶属中唯一雌雄斑纹不同的种。雄蝶前翅黑褐色，端半部有蓝紫色光泽，有多个蓝白色的斑和点，外缘具1列白点，后缘外突；后翅前半部棕褐色，后半部深褐色，中室内上缘有1个枝状白斑。雌蝶前翅浅黑色，后缘直，斑纹与雄蝶相似，紫蓝色光泽较雄蝶浅，后翅除外缘1列整齐的白点外，其余均为白色放射状细条纹。在我国分布于西南、中南、华东、华南等地区。

蛱蝶科 Nymphalidae
拍摄地点：广西壮族自治区百色市那坡县
拍摄时间：2018年4月28日

斜带环蝶
Thauria lathyi

翅展75～100 mm，翅面底色深褐，前翅中域有宽大的黄白色斜带，顶角附近有1个小白斑；后翅边缘向翅内有橙褐色晕，背面有两个圆形大眼斑，中室内无长毛丛。栖息环境与紫斑环蝶近似。在我国分布于云南等地。

蛱蝶科 Nymphalidae
拍摄地点：马来西亚吉隆坡
拍摄时间：2007年7月3日

串珠环蝶
Faunis eumeus

　　翅面棕褐色，前翅从前缘中部到外缘中部有宽的橙黄色半圆斑，顶角圆；后翅略呈圆形。翅反面前后翅中域有1列白色原斑列，从前缘到后缘有3条浅黑褐色带。在我国分布于云南、四川、海南、广东等地。

蛱蝶科　Nymphalidae
拍摄地点：海南省乐东黎族自治县（尖峰岭国家级自然保护区）
拍摄时间：1998年7月上旬

玉带黛眼蝶
Lethe verma

　　翅面褐色，前翅前缘中部到Cu2脉有白色斜横带；后翅近圆形。前翅反面亚顶区有2个眼纹斑；后翅反面有6个眼纹斑，中域有2条灰白色线纹，其中1条较为弯曲。在我国分布于广西、云南、广东、福建、江西、台湾、海南等地。

蛱蝶科 Nymphalidae
拍摄地点：广西壮族自治区百色市那坡县
拍摄时间：2018年4月27日

244

蛇神黛眼蝶
Lethe satyrina

　　翅茶褐色。前翅前缘拱突，外缘浑圆。后翅外缘波状，臀角处隐见1枚眼斑。翅反面黄褐色，其线比翅色浅，紫白色；前翅近顶角处有2个叠连的眼斑，后翅亚缘有6个眼斑列，第1个眼斑特别大，中域有2条淡紫色线，外侧1条曲折。幼虫以竹亚科植物为寄主。在我国分布于贵州、四川、江西、河南、陕西、湖北、浙江、上海等地。

蛱蝶科 Nymphalidae
拍摄地点：江西省九江市庐山市（庐山风景区）
拍摄时间：2010年7月29日

窄斑凤尾蛱蝶
Polyura athamas

　　雄蝶翅展65～70 mm，雌蝶翅展70～75 mm。雌雄同型。翅面黑褐色，翅中部具浅绿色宽中带，亚顶区有一大一小2个淡绿色圆斑，外侧有褐色宽边，后翅外缘有2条小尾突。飞行速度快，路线不规则，常活动于林下、林缘开阔地。在我国分布于云南、广西、海南等地。

蛱蝶科 Nymphalidae
拍摄地点：马来西亚吉隆坡
拍摄时间：2007年6月29日

白带锯蛱蝶指名亚种
Cethosia cyane cyane

　　本亚种与红锯蛱蝶海南亚种（*C. biblis hainana*）相似，雄蝶正面橘红色，前后翅外缘黑色，呈锯齿状，上有齿形白斑。前翅中室内具6条黑线，中室端上部有2个小白点，中域有5列V形白斑，其外有1列白斑正面亚顶区有白色斜带。雌蝶后翅翅面白色，中域至翅基有4~5列黑色斑纹。在我国分布于广西、云南、四川、海南、广东等地。

蛱蝶科 Nymphalidae
拍摄地点：马来西亚吉隆坡
拍摄时间：2007年7月3日

斐豹蛱蝶
Argyreus hyperbius

　　翅展70～80 mm。身体背面黑色，布满金黄色绒毛；腹面苍黄色，胸部被黄褐色绒毛。雌雄异型。雄蝶翅正面橙黄色，具光泽。前翅外缘呈镰形，有2条黑色细线，线上有1列略呈三角形的黑斑；亚缘有1列稍大的黑点，中域有大致排成两列的黑点数枚，大小不等；中室内有5条黑色横纹，第5条刚好位于中室端脉上。后翅外缘黑色，具蓝白色弧形细线2列，翅面有黑色圆点。前翅反面顶端微红色，有暗绿与白色相间的斑纹；其余部分桃红色，斑纹似正面。后翅反面斑纹暗绿色，亚缘内侧有5个银白色小点，围有暗绿色环，中域斑列的内侧或外侧有黑线，此斑列内侧的1列斑多呈方形；基部有3枚围黑边的圆斑，中室内的1枚有白瞳点。雌蝶稍大于雄蝶，前翅正面端部紫黑色，其中有1条白色斜带。后翅翅缘的黑色部分更明显。其余同雄蝶。在我国各地均有分布。

蛱蝶科 Nymphalidae
拍摄地点：四川省阿坝藏族羌族自治州汶川县（卧龙国家级自然保护区）
拍摄时间：2003年8月中旬

绿裙蛱蝶
Cynitia whiteheadi

　　雌雄异型。雄蝶翅面黑色，前翅外缘近后角处有较窄蓝色带，后翅外缘蓝色带较宽。雌蝶翅面黑褐色，前后翅的蓝色带在亚外缘处，其中后翅蓝色带内有1列黑斑，前翅中室内隐见2个肾形纹，中室外及外侧下方具6个白斑。在我国分布于广西、海南、广东、福建、浙江等地。

蛱蝶科 Nymphalidae
拍摄地点：广西壮族自治区百色市那坡县
拍摄时间：2018年4月28日

珀翠蛱蝶
Euthalia pratti

　　两翅墨绿色，前翅中室内有深色横纹，中室外及近顶角处有数个白斑，后翅亚外缘有1列暗绿色箭形斑，外缘有白边。在我国分布于四川、云南、江西、浙江、湖南、湖北、广东、福建等地。

蛱蝶科 Nymphalidae
拍摄地点：江西省九江市庐山市（庐山风景区）
拍摄时间：2010年7月29日

250

烟环蛱蝶
Neptis harita

　　正面底色深棕，各条纹颜色为烟雾状的淡棕色，不清晰，易与其他环蛱蝶区分。在我国分布于广西、云南等地。

蛱蝶科　Nymphalidae
拍摄地点：广西壮族自治区崇左市扶绥县（白头叶猴国家级自然保护区）
拍摄时间：2014年8月1日

蔼菲蛱蝶
Phaedyma aspasia

　　形似某些环蛱蝶的种类，但本种个体较大，前翅翅形更尖锐，后翅前缘较平缓，不在未达前角前突出，雄蝶后翅近前缘有大片的灰色镜区。在我国分布于云南、四川、北京、浙江等地。

蛱蝶科 Nymphalidae
拍摄地点：北京市昌平区（白羊沟自然风景区）
拍摄时间：2011年7月6日

蠹叶蛱蝶海南亚种
Doleschallia bisaltide continentalis

　　翅面棕黄色，前翅顶角平截，故又称截顶枯叶蝶。亚顶区黑色，前缘有一小白点，外缘黑色部分较宽，中室向外有1条黑色纵带，与顶角黑色部分在亚外缘相接；后翅无斑纹。翅反面棕褐色，亚缘处有眼斑，前后翅中横线黑褐色，近基部前翅有5个白色斑点；后翅具2个白斑。在我国分布于云南、海南、台湾等地。

蛱蝶科 Nymphalidae
拍摄地点：海南省海口市秀英区（火山口国家地质公园）
拍摄时间：1998年7月上旬

253

大红蛱蝶
Vanessa indica

　　翅面黑褐色，翅外缘波状；前翅M_1脉外伸成角状，翅顶角有几个小白点，亚顶区有4个白色斜斑，中央有1条橘红色不规则斜带；后翅外缘橘红色，内有黑斑列，其内侧还有1列黑斑。前翅反面前缘中部有蓝色细横线，后翅反面有褐色云状斑纹，亚缘有眼斑列。在我国分布广泛。

蛱蝶科 Nymphalidae
拍摄地点：北京市门头沟区（梨园岭）
拍摄时间：2005年9月16日

黄钩蛱蝶
Polygonia c-aureum

　　翅展50～60 mm。季节型分明。翅黄褐色，基部有黑色斑。前翅中室内3枚黑色斑；后翅基部有1个黑点。前后翅外缘突出部分尖锐（秋型更显著），前翅Cu_2脉和后翅M_3脉尤其明显。后翅反面有L形的银色纹。在我国分布广泛。

蛱蝶科 Nymphalidae
拍摄地点：广西壮族自治区崇左市扶绥县（白头叶猴国家级自然保护区）
拍摄时间：2014年8月1日

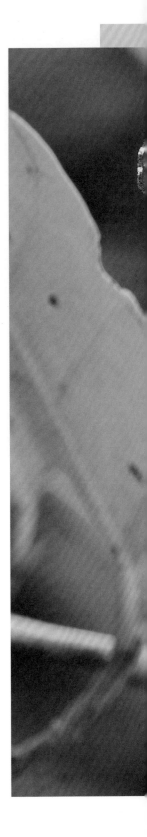

幻紫斑蛱蝶
Hypolimnas bolina

　　雄蝶翅面黑褐色，前翅外缘各室有白色线斑和小点，亚顶区有2个白斑，中室外有1个外斜的蓝白色长斑；后翅中域有蓝紫色大斑。翅反面前翅中室外有1列外斜白斑，中室上方有4个小白斑；后翅中域有1条模糊白色中横带。雌蝶前翅外缘、亚缘有波状线；后翅外缘内侧有1列齿状白斑和1列白色点。在我国分布于广西、云南、广东、海南、福建、台湾、江西、浙江等地。

蛱蝶科 Nymphalidae
拍摄地点：广东省深圳市龙岗区（大鹏半岛国家地质公园）
拍摄时间：2010年8月24日

穆蛱蝶
Moduza procris

　　翅面红褐色。前翅中室端有一白斑，白色宽中带横贯前后翅，前翅白斑在M_2室特小，使中带断裂，前后翅有波状外缘和亚外缘线，后翅亚外缘与中带之间有2列黑斑。翅反面斑纹同正面，但基部为蓝灰色。在我国分布于广西、云南、海南、广东等地。

蛱蝶科　Nymphalidae
拍摄地点：马来西亚吉隆坡
拍摄时间：2007年6月29日

小豹律蛱蝶
Lexias pardalis

　　雌雄异型。雄蝶前翅翅面黑色，外缘有前窄后宽的蓝紫色带；后翅具宽蓝紫色带，该带外侧有明显的黑斑列。翅反面砖红色，布有许多小黄斑。雌蝶前翅翅面黑褐色，亚外缘带由黄斑列组成，该带以内有10多个形态不一的黄斑；后翅有4条黄斑列，前后翅外缘波状。翅反面灰黄色，斑纹黄白色，从前翅前缘近端部至后缘中部有多个黄斑组成1条斜带。在我国分布于云南、海南等地。

蛱蝶科 Nymphalidae
拍摄地点：马来西亚吉隆坡
拍摄时间：2007年7月3日

259

科森褐蚬蝶
Abisara kausambi

翅正反面红褐色。翅反面前翅有3条棕灰色横带，分别为中带、外中带和亚缘带，后翅外中带为波状，亚顶区有2个外端为白弧的黑斑，臀角附近也有2个相似斑，后翅阶梯状较明显。在我国分布于四川、海南、湖北等地。

蚬蝶科 Riodinidae
拍摄地点：海南省乐东黎族自治县（尖峰岭国家级自然保护区）
拍摄时间：1997年5月中旬

260

东亚燕灰蝶
Rapala micans

    雄蝶翅面正面红褐色到蓝灰色，前翅的基半部和后翅的大部分有紫蓝色的金属光泽。翅的反面底色淡褐，中线暗灰褐色并在外侧镶有白线；后翅反面的白线在Cu_2室后呈W形，臀角区有斑及白色的鳞片。本种的色彩与斑纹常因季节或个体的不同而有所变化。在我国分布于东北、华北、华东、华南、中南等地区。

灰蝶科 Lycaenidae
拍摄地点：北京市海淀区（百望山森林公园）
拍摄时间：2007年8月17日

曲纹紫灰蝶
Chilades pandava

　　翅面蓝紫色，前翅外缘黑褐色，后翅外缘具细的黑白线，内侧为黑褐色斑列。翅反面为黑褐色，前翅亚外缘有2条具白边的灰褐色带，后中横斑列及中室端横斑均有白边；后翅外缘线、亚外缘线内侧有新月形白斑，其中Cu_2室端1个大的黑斑，冠以棕黄色，后翅中横带前端第1个为黑斑，翅基有3个黑斑，尾突端部白色。在我国分布于云南、广西、海南、香港等地。

灰蝶科 Lycaenidae
拍摄地点：云南省红河哈尼族彝族自治州河口瑶族自治县（城区绿化带）
拍摄时间：2018年4月21日

白伞弄蝶中国亚种
Bibasis gomata lara

　　翅面黑褐色，前后翅基半部有绿色鳞片，翅脉黑色。翅反面赭褐色，脉纹淡绿色。在我国分布于云南、四川、海南、福建、浙江等地。

弄蝶科 Hesperiidae
拍摄地点：云南省文山壮族苗族自治州麻栗坡县
拍摄时间：2018年4月23日

基点银弄蝶
Carterocephalus argyrostigma

　　前翅长11～14 mm。翅黑色，前翅有横列的3个黄斑；后翅中域有一大黄斑。翅反面外缘具细小黄斑列，后翅中部具黄斑列，亚外缘亦具黄斑列。

弄蝶科　Hesperiidae
拍摄地点：云南省昆明市盘龙区
拍摄时间：2018年5月1日

265

豹弄蝶
Thymelicus leoninus

正反面底均为黄色，各翅脉黑色，易与其他属弄蝶区分。与黑豹弄蝶区别在于：本种雄蝶前翅正面有性标，雌蝶前翅正面第4室的黄色斑与第3室的黄色斑等长。反面较难分辨。在我国分布于西南、东北、华北、华东等地区。

弄蝶科 Hesperiidae
拍摄地点：江西省九江市庐山市（庐山风景区）
拍摄时间：2010年7月26日

266

黑弄蝶
Daimio tethys

　　翅展30～41 mm。翅黑色,缘毛和斑纹白色。前翅顶角和中部各有5个白斑。后翅中部有1条白色横带,其外缘有黑色圆点。后翅反面基半部白色,内有几个黑点。在我国分布于贵州、四川、云南、江西、北京、黑龙江、吉林、辽宁、河北、山东、河南、陕西、甘肃、山西、湖北、湖南、浙江、福建、海南、台湾等地。

弄蝶科　Hesperiidae
拍摄地点:江西省九江市庐山市(庐山风景区)
拍摄时间:2010年7月29日

西藏赭弄蝶
Ochlodes thibetana

　　翅赭黄色，有茶褐色或白色斑纹，后翅反面黄色或白色斑小而少。前翅顶角突出较小，外缘平弧形；Sc脉端部弯曲，靠近R_1脉，Cu脉比R_1脉先分出，中室末端尖锐。在我国分布于贵州、云南、西藏、四川等地。

弄蝶科 Hesperiidae
拍摄地点：贵州省遵义市绥阳县（宽阔水国家级自然保护区）
拍摄时间：2010年8月13日

沾边裙弄蝶
Tagiades litigiosa

前翅正反面黑褐色，中室内有2个分立的白点，易与黑边裙弄蝶区分。后翅正面的白色区域内第1室中域无黑斑，可与黑边裙弄蝶及滚边裙弄蝶区分。在我国分布于广西、云南、广东、浙江、福建、海南等地。

弄蝶科 Hesperiidae
拍摄地点：广东省惠州市博罗县（象头山国家级自然保护区）
拍摄时间：2008年7月3日

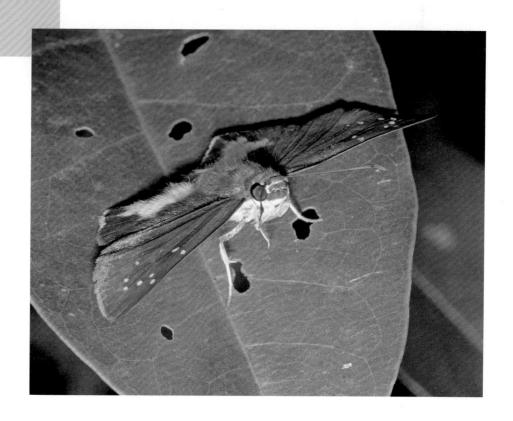

赭弄蝶
Ochlodes sp.

　　翅展34～37 mm。翅面赭黑色。前翅斑多为半透明；近顶角的3个斑中，中间1个略内移；中室端2个斑上下平行，雌性明显而雄性模糊。

弄蝶科　Hesperiidae
拍摄地点：贵州省遵义市绥阳县（宽阔水国家级自然保护区）
拍摄时间：2010年8月13日

奥弄蝶
Ochus subvittatus

　　前翅反面前缘、外缘以及整个后翅为赭黄色，具有黑色脉纹和斑点。多见于林区开阔地。在我国分布于云南、广西、广东等地。

弄蝶科　Hesperiidae
拍摄地点：云南省文山壮族苗族自治州马关县
拍摄时间：2018年4月21日

菜蛾
Plutella xylostella

翅展12～15 mm。唇须第2节有褐色长鳞毛，末节白色、细长、略向上弯曲；前翅灰黑色或灰白色，后翅从翅基至外缘有三度曲波状的淡黄色带，一般雄蛾比雌蛾鲜明；后翅银灰色，缘毛长。1年发生代数随地区不同，如在我国东北，1年可发生6代，以蛹越冬；在南方则以成虫在残株落叶下越冬。为害十字花科植物。在我国各地均有分布。

菜蛾科 Plutellidae
拍摄地点：广西壮族自治区百色市那坡县
拍摄时间：2018年4月

豹点锦斑蛾
Cyclosia panthona

翅展49～50 mm。头、胸、腹部深黑褐色，有暗绿光泽，无斑纹；前翅深褐色，带暗绿光泽；后翅颜色同前翅，微带紫褐色；双翅沿外缘由间断白斑组成亚缘带。雌蛾体形大，颜色斑纹均与雄蛾相同。在我国分布于云南、广东等地。

斑蛾科 Zygaenidae
拍摄地点：云南省红河哈尼族彝族自治州金平苗族瑶族傣族自治县
拍摄时间：2018年4月18日

274

两线刺蛾
Cania billinea

　　头和颈板棕色，胸背褐灰色，腹背淡黄色。前翅颜色有变异，从赭色到灰色，有两条彼此平行的褐色横线，向外略拱，外侧具灰黄色边；后翅淡黄色。幼虫为害柑橘和香蕉叶。在我国分布于广西、云南、四川、甘肃、广东、江苏、浙江、江西、福建、台湾等地。

刺蛾科 Limacodidae
拍摄地点：甘肃省兰州市永登县（吐鲁沟国家森林公园）
拍摄时间：1991年7月下旬

灰双线刺蛾
Cania bilineata

翅展23～38 mm。头和颈板赭黄色，胸背褐灰色，翅基片灰白色；腹褐黄色；前翅灰褐黄色，有2条外衬浅黄白边的暗褐色横线，在前缘近翅尖发出（雌蛾较分开），以后互相平行，稍外曲，分别伸达后缘的1/3和2/3。寄主有香蕉、柑橘、茶。在我国分布于广西、云南、四川、江苏、浙江、江西、福建、台湾、广东等地。

刺蛾科 Limacodidae
拍摄地点：广西壮族自治区百色市那坡县
拍摄时间：2018年4月27日

线银纹刺蛾
Miresa urga

　　头和胸背柠檬黄色，中央有一赭黄色纵纹，后胸末端具赭黄色毛；腹背赭黄色；前翅赭红褐色，外部1/3灰褐色，外线以内的后缘区赭黄褐色，中室后缘脉上较暗，外线不清晰银色，端线银色，模糊；后翅红褐色。在我国分布于广西、云南、四川、陕西等地。

刺蛾科 Limacodidae
拍摄地点：广西壮族自治区百色市那坡县
拍摄时间：2018年4月28日

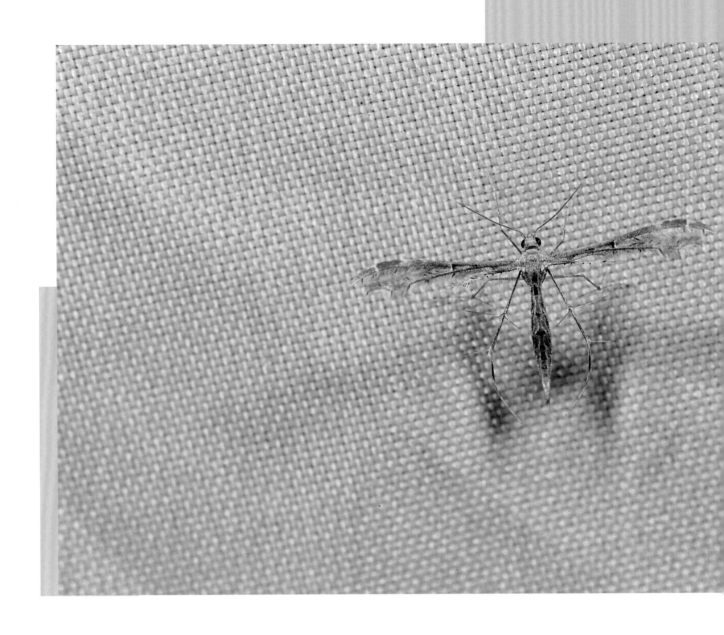

羽蛾
Pterophoridae

　　小型蛾类，灰白或褐色，单眼缺，触角长。前翅一般分两裂，翅脉受翅裂影响，M_1、M_2脉很短，1_A脉往往长过2_A脉。后翅一般分三裂，缘毛长，$Sc+R_1$和Rs脉紧密平行，支持第1裂；M_1、M_2脉仍很短；M_2和Cu_1脉支持第2裂，Cu_2脉紧密平行于Cu_1脉，但短得多；臀脉支持第3裂。由于两对翅分裂像鸟类羽毛，故名。但也有少数种类前、后翅不分裂的，可是足细长，后足长过身体，也是本科的显著特征。幼虫在幼期多潜叶，长大以后卷叶或蛀食茎秆。成虫飞于白天，也有活动于黄昏或夜晚的，但一般飞翔力较弱。栖息时常用前翅包着后翅折叠起来，左右平伸如飞机之双翼，因此易于识别。

羽蛾科 Pterophoridae
拍摄地点：云南省红河哈尼族彝族自治州河口瑶族自治县（河口火车站）
拍摄时间：2018年4月20日

278

大斜线网蛾
Striglina cancellate

　　体长约11 mm，翅展约31 mm。体枯黄色微红，头、肩板灰色，触角赭黄色；前翅斜纹分叉直达臀角，中室顶部有一灰色线纹；后翅线外侧有一弧形线，外缘弧度远较斜线网蛾大，翅反面纹与正面一致。在我国分布于云南、西藏、海南等地。

网蛾科　Thyrididae
拍摄地点：海南省五指山市（五指山国家级自然保护区）
拍摄时间：1998年5月下旬

海斑水螟
Eoophyla halialis

　　体长约10 mm，翅展约33 mm。头淡黄色。触角黄褐色，长于前翅的1/2，雄性柄节背部有一大的突起，其上密生鳞毛；雌性柄节无明显突起。胸部背面黄色，腹面黄白色。前翅基部到中后部各线条不清晰；雄性中室具覆瓦状排列的特殊柱形大鳞片；中室后有一大长斑；翅后中部有一弓形斑；外线外白区明显，呈楔形；亚缘白区宽，亚缘线和外缘线与外缘平行；缘毛灰褐色。后翅基部白色，基线和亚基线不明显；内横区明显，外横线位于后翅1/2处；外缘线具4个黑斑；缘毛黄色。足黄白色。腹部黄褐色到黄白色。在我国分布于云南、广西、四川、贵州、河南、浙江、福建、江西、湖北、湖南、广东、海南等地。

螟蛾科 *Pyralidae*　水螟亚科 *Nymphulinae*
拍摄地点：云南省文山壮族苗族自治州富宁县
拍摄时间：2018年4月26日

绿翅绢野螟
Diaphania angustalis

　　体长16 mm，翅展40 mm。嫩绿色；头顶嫩绿；触角细长丝状，基部嫩绿，其他各节浅绿至淡白；下唇须第1节白色，第2、3节嫩绿色；下颚线嫩绿色。胸部背面嫩绿色，腹面略白；腹部除末节棕色外，其余各节水绿色，雄蛾腹部末端臀鳞丛棕色，雌蛾腹部末端只有少数棕色鳞片。双翅嫩绿色；前翅狭长，中室端脉有一小黑点，中室内另有一较小的黑点，前缘淡棕色，外缘缘毛深棕色，后缘缘毛浅绿色；后翅中室有一黑斑，前缘及后缘线白色，缘毛深棕色。在我国分布于云南、四川、重庆、贵州、广东等地。

螟蛾科 Pyralidae　野螟亚科 Pyraustinae
拍摄地点：云南省红河哈尼族彝族自治州金平苗族瑶族傣族自治县
拍摄时间：2018年4月19日

丛毛展须野螟
Eurrhyparodes contortalis

翅展36 mm。头及胸黄白，下唇须两侧、额上方及领片淡红，足上侧及后足毛丛淡红色。腹部淡红色，背面有成排白点，侧面有白线。前翅淡黄色，翅脉及边缘淡红色，内线上侧拱出不明显的亚基线，前缘至1脉有内横线斜伸弯成钝角，中室中央有一斑及一大型中室斑与前缘带相连，外横线由前缘斜伸到M_1脉成锐角后向内曲折，在M_2脉向外弯至Cu_1脉呈扇状收缩到中室斑，又伸向内缘成皱褶钝齿，前缘靠近翅顶有深色斑，缘线伸向Cu_1脉以下。后翅黄白色，半透明，从内线中央到外缘有淡红色带，端域自前缘至中室下角，引伸波浪状淡红细线，中室外至M_2脉有一透明斑，其间有许多黄点，缘毛深红色。雄蛾跗节两侧有长鳞毛，第1跗节上侧有粗毛丛，胸部、前翅基部有长鳞毛。在我国分布于云南、四川、台湾等地。

螟蛾科 Pyralidae　野螟亚科 Pyraustinae
拍摄地点：云南省文山壮族苗族自治州富宁县
拍摄时间：2018年4月26日

大黄缀叶野螟
Botyodes principalis

　　体长20～22 mm，翅展42～45 mm。头部褐色，触角细长，黄色。胸部和腹部淡黄色。前翅淡黄色，可见2横排灰色斑点，中间1个小圆斑和1个月牙形斑；外缘有2个相连的褐色斑块，翅顶角处另有2个小褐斑，后缘基部有1个小褐斑。后翅淡黄色，外缘有1排浅褐色斑点，排点内侧有1条褐色波折线，翅中部有灰色横带，横带中间向外突出3个尖峰形斑纹。在我国分布于云南、四川、浙江、江西、安徽、湖北、福建、台湾、广东等地。

螟蛾科 Pyralidae　野螟亚科 Pyraustinae
拍摄地点：云南省保山市隆阳区
拍摄时间：2016年8月25日

283

豆荚野螟
Maruca testulalis

　　体长12 mm，翅展24 mm。体暗黄褐色；前翅暗黄褐色，有紫色闪光，翅中央有2个白色透明斑纹；后翅白色，半透明有闪光。在我国分布于云南、四川、广西、北京、河北、河南、陕西、江苏、浙江、湖南、福建、广东、台湾等地。

螟蛾科 Pyralidae　野螟亚科 Pyraustinae
拍摄地点：云南省文山壮族苗族自治州富宁县
拍摄时间：2018年4月26日

褐纹丝角野螟
Filodes mirificalis

翅展36～38 mm。头部黑色，下唇须闪铁蓝色光泽，头顶、胸及腹部橘黄色，胸部腹面黄色。腹部各环节背面有排黑点及铁蓝色环，侧毛及尾毛铁蓝黑色。翅黑褐色，外缘渐变黑灰，有时呈现外横线痕迹；前翅基部有橘黄色基斑，前缘沿基部下面一半有1条铁蓝色横带，前翅有4个黑点，从前翅前缘1/3位置向翅臀角伸出一暗褐色模糊直线；后翅亦有1条模糊暗褐色线，中室末端有一黑点。腹部末端有银灰色带及尾毛丛。在我国分布于云南、广西、江苏、广东等地。

螟蛾科 Pyralidae　野螟亚科 Pyraustinae
拍摄地点：云南省红河哈尼族彝族自治州金平苗族瑶族傣族自治县
拍摄时间：2018年4月19日

扶桑四点野螟
Lygropia quaternalis

　　翅展20 mm。鲜橘黄色；头、胸及腹部有白斑纹，双翅底色银白，有显著的橘黄色带；前翅亚基线及内横线宽阔，前缘靠近翅基有一黑点，中室上侧有2个黑点，中央有一黑点，外横线弯曲；双翅有显著橘黄色横带，后翅有4条宽橘黄色横带。在我国分布于云南、四川、贵州、北京、河北、山西、台湾、广东等地。

螟蛾科 Pyralidae　野螟亚科 Pyraustinae
拍摄地点：云南省红河哈尼族彝族自治州金平苗族瑶族傣族自治县
拍摄时间：2018年4月18日

286

桑绢野螟
Diaphania pyloalis

翅展21～24 mm，体及翅白色有绢丝闪光，胸部背面中央暗褐色；前翅外缘、中央及翅基有棕褐色带，下端为白色中心有褐点的圆孔；后翅外缘暗褐色。幼虫为害桑叶，吐丝重叠或卷叶食叶肉，只剩叶脉。老熟幼虫在树缝、落叶及束草间吐丝结茧越冬。在我国分布于广西、四川、贵州、江苏、浙江、安徽、湖北、广东、台湾等地。

螟蛾科 Pyralidae　野螟亚科 Pyraustinae
拍摄地点：广西壮族自治区百色市那坡县
拍摄时间：2018年4月28日

四斑卷叶野螟
Sylepta quadrimaculalis

　　体长17 mm，翅展35 mm。体灰棕色，有闪光；头部灰棕色，下唇须第1节象牙白色，其余深褐色。胸部背面和侧面灰棕色，腹部背面灰棕色，胸部下侧、腹部腹面及足白色。前翅暗灰棕色，中室内有一白斑，两侧各有一黑点，中室外侧有一大白斑，外缘略向内陷，如新月，缘毛灰棕色；后翅暗灰棕色，中室外有一象牙白色大圆斑，缘毛暗灰棕色，但基部白色。在我国分布于云南、四川、山东、浙江、江西、福建、广东、台湾等地。

螟蛾科 Pyralidae　野螟亚科 Pyraustinae
拍摄地点：云南省文山壮族苗族自治州麻栗坡县
拍摄时间：2018年4月24日

四目卷叶野螟
Sylepta inferior

翅展27～34 mm。体茶褐色；头部黑褐色，头顶有黄褐色长毛；触角微毛状，基部黑褐色，其余淡黑褐色；下颚须末节黑褐色；下唇须第1节下侧黄白色，其他各节黑褐色，末节细小，钝圆。胸、腹部背面黄褐色，腹面白色，各节末端白色，足黄白色。前翅茶褐色，中室端有一白色小圆点，外侧有一白色椭圆斑，近翅顶有茶褐色内陷三角形缺刻；后翅茶褐色，中室中央有1枚椭圆形白斑，接近基部有一圆形小白斑。在我国分布于广西、四川、江苏、浙江、台湾等地。

螟蛾科 Pyralidae 野螟亚科 Pyraustinae
拍摄地点：广西壮族自治区百色市那坡县
拍摄时间：2018年4月28日

瓜绢野螟
Diaphania indica

　　翅展23～26 mm。头和触角黑褐色，下唇须下部白色；胸部背面黑褐色；腹部背面第1～4节白色，第5～6节黑褐色；前翅沿前缘与后翅外缘边缘宽黑色，翅面白色丝绢般闪光。幼虫为害瓜类、桑、葵叶片，吐丝缀合潜居叶间取食，有时只剩叶脉。1年发生3代，幼虫越冬；次年6月发生第1代成虫。在我国分布于云南、四川、江苏、浙江、福建、广东、台湾等地。

螟蛾科 Pyralidae　野螟亚科 Pyraustinae
拍摄地点：云南省文山壮族苗族自治州富宁县
拍摄时间：2018年4月26日

豆卷叶螟
Lamprosema indicate

　　黄褐色。前翅中室有一深褐色斑，翅基有1条褐色波纹状线，翅外缘有2条波纹状弯曲褐色线；后翅有2条褐色波纹状线。幼虫为害豆类叶片与豆荚，卷两三枚叶片成桶状而后食之，1年发生4代，凡豆科植物、花生、鱼藤都被危害。在我国分布于云南、四川、河北、河南、江苏、浙江、福建、广东、台湾等地。

螟蛾科 Pyralidae　螟蛾亚科 Pyralinae
拍摄地点：云南省文山壮族苗族自治州麻栗坡县
拍摄时间：2018年4月23日

黄螟
Vitessa suradeva

　　体长20 mm，翅展42 mm。头及胸金黄色，下唇须第3节及触角黑色，胸部、颈片及领片有成对带金属闪光的黑斑，领片末梢黑色；前翅基部金黄色，有2枚黑斑，数枚前中斑，中域灰白色，外域黑色，翅脉上有白线；前后翅缘毛灰色。在我国分布于云南、广东等地。

螟蛾科 Pyralidae　螟蛾亚科 Pyralinae
拍摄地点：云南省红河哈尼族彝族自治州金平苗族瑶族傣族自治县
拍摄时间：2018年4月19日

四眼绿尺蛾
Chlorodontopera discospilata

前翅长22～23 mm。翅枯绿色，外缘具紫棕色线，中室上各有一紫棕色斑，后翅的比前翅略大，前翅外线暗紫色，前端呈齿状曲折，内线波状，后翅外线齿状，内线不显，中室前外方一大片棕色碎点斑；翅反面较黄，外线清楚。在我国分布于云南、重庆、广西、海南等地。

尺蛾科 Geometridae
拍摄地点：云南省文山壮族苗族自治州马关县
拍摄时间：2018年4月22日

293

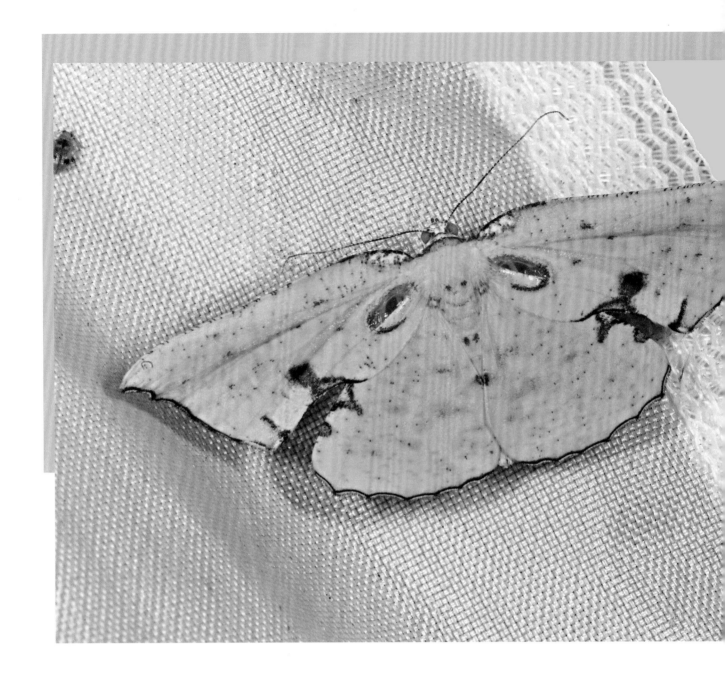

穿孔尺蛾
Corymica sp.

　　体长约10 mm，翅展约31 mm。触角呈线形。前翅顶角突出，外缘波曲，臀角下垂，后缘端半部凹，前翅基部有1个透明孔；后翅前缘长，顶角处微凹，外缘浅波曲。前翅中部的折线断开，顶角下的梯形斑较大，但不清楚，后缘近臀角处有一短横纹；后翅前缘端半部有2个小褐斑，与前翅后缘的斑相呼应，缘线和缘毛黑褐色。翅反面黄色，斑纹同正面，深褐色。在我国分布于云南等地。

尺蛾科 Geometridae
拍摄地点：云南省文山壮族苗族自治州富宁县
拍摄时间：2018年4月26日

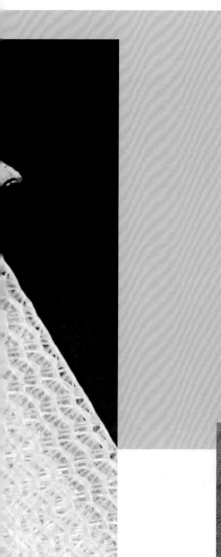

橄璃尺蛾
Krananda oliveomarginata

　　雄虫前翅长约20 mm，雌虫前翅长约22 mm。体形较小，斑纹较重。前后翅基半部半透明，但有薄层不均匀灰黄色鳞；中线黄褐色，呈带状，完整，在前翅穿过中点，并形成1个大黑斑，黄色臀褶由黑斑内穿过。在后翅较近基部，无黑斑，微小中点位于中线外侧；前翅内线两侧黑斑鲜明；前后翅外线黄褐色至暗褐色，亚缘线的浅色斑点十分模糊或消失；前翅顶角处有一浅色斑，后翅亚缘线外侧色较浅；前翅外缘不波曲；缘毛与其内侧翅面颜色相同。在我国分布于云南、四川、重庆、湖南等地。

尺蛾科　Geometridae
拍摄地点：云南省文山壮族苗族自治州麻栗坡县
拍摄时间：2018年4月24日

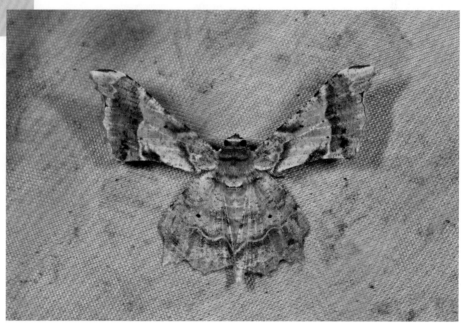

295

高山尾尺蛾
Ourapteryx monticola

　　体长约18 mm，翅展约58 mm。触角呈线形。额黄褐色。体背和翅黄白色至淡黄色。前翅宽大、顶角尖，外缘直；后翅M₃处有一尖细尾角，中等长，其上方在M₁处的突起较弱小。前翅翅面和后翅端部散布灰黄色细纹；前翅内外线均向外倾斜，后者微弯曲；中点呈条形，后翅中部有一斜线；尾角内侧有灰色阴影带，其上有2个橘红色点，上侧1个较大，红点周围有不完整的黑圈；缘毛灰黄色。翅反面黄白色，后翅基部和前后翅后缘附近白色；隐见正面线纹。在我国分布于云南、湖南、台湾等地。

尺蛾科 Geometridae
拍摄地点：云南省保山市隆阳区
拍摄时间：2016年8月25日

四川尾尺蛾
Ourapteryx ebuleata szechuana

前翅长20～24 mm。体翅粉白色微带黄光；斜线浅褐色，有浅褐色散条纹，后翅外缘略突出，有2个赭色斑，两斑之间有灰黄影晕，外缘毛赭色。称为尾尺蛾，属名即此意。在我国分布于云南、四川等地。

尺蛾科 Geometridae
拍摄地点：云南省文山壮族苗族自治州富宁县
拍摄时间：2018年4月26日

黄缘丸尺蛾
Plutodes costatus

　　体长约14 mm，翅展约40 mm。触角双栉形，末端无栉齿；额和颈部鲜黄色。前翅除前缘和外缘黄色外，中部布满红褐色大斑；内线黑褐色。后翅红褐色斑和前翅连成一片，但色较浅；前缘黄色。在我国分布于云南。

尺蛾科 Geometridae
拍摄地点：云南省文山壮族苗族自治州富宁县
拍摄时间：2018年4月26日

渺樟翠尺蛾
Thalassodes immissaria

　　体长约13 mm，翅展约29 mm。前翅顶角尖，后翅顶角略突出，前后翅外缘光滑，后翅外缘中部突起明显。翅面蓝绿色，散布淡绿色碎纹和纤细的线纹；前翅前缘黄色，缘线褐色，部分间断，缘毛黄白色。在我国分布于云南、广西、福建、台湾等地。

尺蛾科　Geometridae
拍摄地点：云南省红河哈尼族彝族自治州金平苗族瑶族傣族自治县
拍摄时间：2018年4月18日

绿尺蛾
Comibaena sp.

　　小型蛾类，前后翅均绿色，前翅后缘外侧有一半月形黑斑，外围白色，后翅外缘上角的色斑比较大，由黑色和赭红色组成。前翅前缘白色；前、后翅内外线白色，十分清晰。中室上有1个小黑点。

尺蛾科　Geometridae
拍摄地点：广西壮族自治区百色市那坡县
拍摄时间：2018年4月28日

300

琴纹尺蛾
Abraxaphantes perampla

　　体长约20 mm，翅展约60 mm。身体粉白色，下颚须及额橙黄色。翅白色，有浅褐色纹，前翅前缘上有许多碎片纹，前翅中带与后翅内带在展翅后连成一条，后翅中带亦大致成一条，形如手琴；还有许多圆褐色点。在我国分布于广西、广东等地。

尺蛾科　Geometridae
拍摄地点：广西壮族自治区百色市那坡县
拍摄时间：2018年4月27日

301

蚀尺蛾
Hypochrosis sp.

　　翅展约32 mm。浅紫色，带有细小的黑灰色条纹；前翅从顶角和前缘中部到后缘1/3和2/3处各有1条红褐色斜线，外侧斜线在顶角处为一弧线；后翅斑纹及色彩与前翅近似。在我国分布于云南。

尺蛾科　Geometridae
拍摄地点：云南省红河哈尼族彝族自治州金平苗族瑶族傣族自治县
拍摄时间：2018 年4月19日

四点蚀尺蛾
Hypochrosis rufescens

　　体长10 mm，翅展33 mm。下唇须灰红褐色，其尖端和额黑褐色。体背和翅灰黄至灰红色。前翅狭长、顶角突出，其下方渐外倾，外缘在M_3与Cu_1之间外突，Cu_1以下深凹；后翅外缘下半段浅凹。翅面散布灰纹；前翅前缘有2块鲜明的黑斑，内外线黄褐色，上端未达前缘，均向后缘中部倾斜；后翅外线黄褐色，较近外缘，浅弯，缘毛深灰褐色与黄褐色掺杂。前翅反面前缘黄色，其下方红褐色，然后向后缘色渐浅；后翅反面灰红色，外线隐约可见。在我国分布于云南、广西、西藏、湖南、江西、台湾、海南等地。

尺蛾科　Geometridae
拍摄地点：云南省文山壮族苗族自治州麻栗坡县
拍摄时间：2018年4月25日

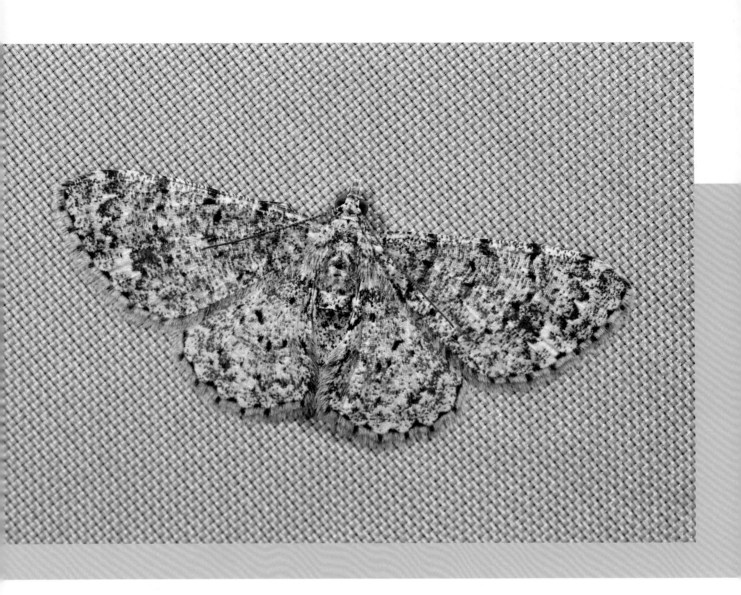

霜尺蛾
Alcis sp.

中小型。前翅暗灰褐色具黑褐色的杂斑,前缘有4枚较明显的黑色斑纹,翅面有3～4条橙褐色的横带;后翅斑纹与前翅近似,展翅时中外线及亚端线左右相连。在我国分布于云南、贵州、黑龙江等地。

尺蛾科 Geometridae
拍摄地点:云南省文山壮族苗族自治州马关县
拍摄时间:2018年4月22日

粉红边尺蛾
Leptomiza crenularia

前翅长22~24 mm。体色淡黄，有粉红色外缘带；前翅在淡黄底色上有若干霉色斑，前缘基部有一粉红色长条，外缘粉红带中可辨出3条较深粉红色的长条；后翅外缘粉红带约占全翅宽度的2/3，也可辨出3条较深粉红色的长条，中室有1个小黑点；翅反面色彩较浓，斑纹同正面。在我国分布于四川等地。

尺蛾科 Geometridae
拍摄地点：四川省雅安市宝兴县
拍摄时间：2003年8月中旬

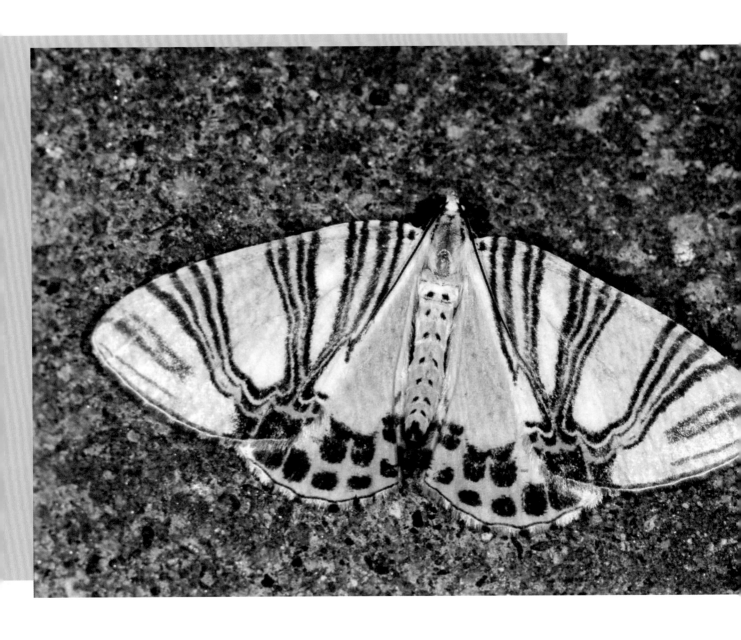

葡萄洄纹尺蛾
Lygris ludovicaria

　　体色粉白，前翅上有棕色回纹，后角上有杏黄色及灰蓝色斑纹；后翅中室上端的斑点在反面比正面清晰。幼虫为害葡萄。在我国分布于西部地区。

尺蛾科　Geometridae
拍摄地点：四川省雅安市宝兴县（蜂桶寨国家级自然保护区）
拍摄时间：2003年8月下旬

小点尺蛾
Percnia maculata

体长20 mm，翅展50 mm。下唇须短，仅尖端伸达额外，黑灰色，腹面白色。额黑灰色至深灰褐色，下缘白色。头顶和胸腹部背面灰白色，排列黑点。翅狭长，前翅外缘倾斜，后翅外缘弧形；翅面白至灰白色，斑点深灰褐色。前翅前缘和翅中部散布灰色；中室基部有1个点；亚基线、内线、外线、亚缘线和缘线各为1列圆点；中点和其他斑点约等大，亚缘线和外侧近顶角处散布碎点；缘毛白色。前翅反面大部分灰色，近后缘附近白色，后翅反面白色；两翅斑点同正面。在我国分布于云南、西藏、湖南等地。

尺蛾科 Geometridae
拍摄地点：云南省文山壮族苗族自治州麻栗坡县
拍摄时间：2018年4月24日

环点绿尺蛾
Cyclothea sp.

　　翅面绿色。前翅顶角尖，外缘浅弧形，前缘污黄色散布红褐色鳞片，内线由脉上小点组成，不清晰，缘线深褐色；后翅顶角略突；翅反面淡绿色，无斑纹。在我国分布于云南等地。

尺蛾科 Geometridae
拍摄地点：云南省红河哈尼族彝族自治州金平苗族瑶族傣族自治县
拍摄时间：2018年4月18日

紫线尺蛾
Calothysanis sp.

　　体长约7 mm；翅展约25 mm。全体灰黄色，翅面略偏灰，前翅有1条较粗的紫褐色线，自顶角直达后缘中部，中室端横脉纹褐色，亚端线自紫色线下伸达后缘较弯曲；后翅中线较粗向内直斜，外线在翅中部有折角，外缘中部突出的角较长。在我国分布于四川、西藏、海南、台湾等地。

尺蛾科　Geometridae
拍摄地点：海南省五指山市（五指山国家级自然保护区）
拍摄时间：1998年6月下旬

圆翅达尺蛾
Dalima patularia

体长17 mm，翅展50 mm。翅淡黄白色；前翅前缘散布深色斑点，前翅有3条斜纹，近肩处2条较直，平行，顶角处1条弯曲；外缘有点列，在臀角处连续成纹，较短。后翅有2条斜纹，端部靠近几成椭圆形，外缘点列不延续。在我国分布于四川、西藏、海南、云南、福建等地。

尺蛾科 Geometridae
拍摄地点：海南省五指山市（五指山国家级自然保护区）
拍摄时间：1997年6月上旬

洋麻圆钩蛾
Cyclidia substigmaria substigmaria

体长20～24 mm，翅展30～34 mm。头黑色，胸白色，腹面灰白色。前翅灰白色，中部有1条向内折的深灰色宽横带，其上有1个浅色椭圆形斑；宽带内侧有多条深灰色不清晰的波纹线，顶角处有多个黑色斑块几乎连成片；亚端区有1排黑斑，后缘近后角处有2个黑斑，其周围有灰色块；前翅顶角略突出。后翅的颜色和斑纹与前翅相似。在我国分布于云南、四川、海南、安徽、湖北、台湾等地。

钩蛾科 Drepanidae
拍摄地点：云南省文山壮族苗族自治州富宁县
拍摄时间：2018年4月26日

豆点丽钩蛾
Callidrepana gemina

翅展约30 mm。头部棕褐色；触角黄褐色，呈双栉形；前翅黄色，内线褐色弯曲，明显可见，中室有一边缘不规则的近豆形褐色斑，内侧近前缘有1块黄褐色斑，顶角至后缘中部有双行橙黄色斜线，顶角下方内陷，边缘处褐色，斜线至外缘间有14个褐色小点；后翅色稍浅，中部有双行横线，横线至外缘间有褐色小点并由细纹连贯。在我国分布于云南、广西、四川、重庆、广东、福建、浙江、湖北、江西等地。

钩蛾科 Drepanidae
拍摄地点：云南省文山壮族苗族自治州麻栗坡县
拍摄时间：2018年4月25日

净豆斑钩蛾
Auzata plana

翅展约40 mm。头部灰白色；触角呈单栉形；胸部灰白色；腹部背面赭褐色，有光泽；前翅前缘有宽灰色斑块，在前翅亚缘区从前缘至后缘有1条浅褐色宽带；后翅中区有深褐色带状斑纹，外侧有方形橙黄色斑块，内侧有3个小黑斑，臀角处有较大的黑褐色斑。

钩蛾科 Drepanidae
拍摄地点：广西壮族自治区百色市那坡县
拍摄时间：2018年4月28日

缘点线钩蛾
Nordstroemia bicositata opalescens

体长7 mm，翅展29 mm。头紫灰色，下唇须黄褐色；触角呈双栉形，为干黑色，枝状羽灰色；身体背面紫褐色，腹面黄褐色；胸足黄褐色，胫节及跗节灰黑色；前翅灰褐色，有紫色光泽，前缘中部有2个大黑点，自前缘到后缘有2条黄褐色斜线，顶角外突呈钩状，下方内陷深，外缘中部外突，使外缘形成S形；后翅色淡呈枯黄色，尤其前缘色更浅，外横线隐约可见，向上直达Cu_{A1}脉，端线黄褐色，后角及后缘色较深。前后翅反面枯黄色，近外缘色鲜艳，前缘、顶角及外缘棕褐色。前翅R_2、R_3、R_4脉同柄，从小室顶端伸出。在我国分布于云南。

钩蛾科 Drepanidae
拍摄地点：云南省文山壮族苗族自治州马关县
拍摄时间：2018年4月22日

314

一点镰钩蛾
Drepana pallida

体长8.7 mm，翅展36 mm。头棕褐色，间杂有白色鳞毛，下唇须短，黄褐色，复眼黑色；触角灰褐色，双栉形，雄性栉节明显比雌性长；雄蛾身体为灰白色，雌蛾为黄褐色；前后翅污白色，前翅前缘稍黄，有4块灰色斑，内线及中线双行，呈灰褐色齿状，外线灰褐色，呈波浪形，外线外侧有1条黄褐色斜带自顶角内下方斜向后缘，在接近后缘时向外倾斜，亚端线呈点线组成的波浪形细纹，在M_1至M_3的黑点明显，端线黄褐色，缘毛污白色；后翅斑纹与前翅近似，但缺少顶角至后缘的斜线。在我国分布于云南、广西、四川、西藏、浙江、福建、广东、台湾等地。

钩蛾科 Drepanidae
拍摄地点：云南省文山壮族苗族自治州马关县
拍摄时间：2018年4月22日

赛纹枯叶蛾
Euthrix isocyma

　　翅展40～46 mm。体翅黄褐色，触角黄褐色。前翅外缘呈圆弧形，由顶角内侧至后缘中部呈深赤褐色斜线；中室端斑点黑褐色，较大而明显，斑点表面布灰黄色鳞片；亚外缘斑列呈黑褐色的斜横线，内横线浅黄褐色，较明显；外缘常散布黑褐色鳞片。后翅呈长椭圆形，外半部色深，内半部色浅。在我国分布于云南、重庆、广西、四川、贵州、西藏、福建、湖南、广东、海南等地。

枯叶蛾科 Lasiocampidae
拍摄地点：云南省文山壮族苗族自治州富宁县
拍摄时间：2018年4月26日

褐橘枯叶蛾
Gastropacha pardale sinensis

　　体翅淡赤褐色，略带红色，下唇须黑褐色向前突出，触角黄褐色或黑褐色。前翅不规则地散布黑色小点，翅脉黄褐色较明显，前缘2/5处呈弧形弯曲，外缘较长，略呈弧形，后缘较短，中室端黑点明显，顶角区呈2枚模糊的大黑点。后翅较狭长，后缘区淡黄褐色，肩角突出，前半部由4枚花瓣形组成一圆斑。寄主为柑橘。在我国分布于广西、四川、云南、浙江、福建、江西、湖南、湖北、广东、海南等地。

枯叶蛾科　Lasiocampidae
拍摄地点：马来西亚吉隆坡
拍摄时间：2007年7月1日

松栎枯叶蛾
Paralebeda plagifera

　　翅展69～120 mm。成虫停息时好似卷起的枯叶。全身以褐色为主，触角黄褐色，复眼黑色。胸部有灰褐色长毛。前翅中部有棕褐色斜带；斜带前缘直，后端稍窄、颜色浅；边缘灰白色；亚外缘斑列赤褐色，呈波状。后翅颜色浅，中间有2条黑色斑纹；翅反面基半部深褐色，圆弧状；端半部颜色浅。在我国分布于云南、广西、西藏、海南、浙江、福建、广东等地。

枯叶蛾科　Lasiocampidae
拍摄地点：海南省五指山市（五指山国家级自然保护区）
拍摄时间：1997年6月上旬

319

文山松毛虫
Dendrolimus punctatus wenshanensis

翅展雄虫为58～90 mm，雌虫为48～77 mm。本种与马尾松毛虫、德昌松毛虫很相似，但体形较大，体色有棕、褐、灰褐等。前翅近顶角1/3处开始弧形弓出；外横线一般较清楚，中室端白点小，但可认，中线内侧、外线外侧呈淡色斑纹。后翅中间有一深色带。为害云南松，在云南年生2～3代。在我国分布于云南、贵州等地。

枯叶蛾科 Lasiocampidae
拍摄地点：云南省文山壮族苗族自治州麻栗坡县
拍摄时间：2018年4月23日

云南松毛虫
Dendrolimus grisea

　　翅展雄38～89 mm，雌98～130 mm。体翅呈棕褐、灰褐、黄褐色等。雌蛾前翅较宽，外缘呈弧形突出，前翅具有4条深褐色弧形线，亚外缘斑列黑褐色，第5、6两斑最大，外横线呈稀齿状；中室端白点明显；后翅斑纹不明显。雄蛾体色较雌蛾深，一般前翅4条横线不明显，黑褐色亚外缘斑列较清楚。在我国分布于云南、四川、贵州、湖北、浙江、福建等地。

枯叶蛾科 Lasiocampidae
拍摄地点：云南省文山壮族苗族自治州麻栗坡县
拍摄时间：2018年4月23日

紫光盾天蛾
Phyllosphingia dissimilis sinensis

　　翅展105～115 mm。外部斑纹与盾天蛾相同，只是全身有紫红色光泽，越是浅色部位越明显；前、后翅外缘齿较深。寄主为核桃、山核桃。在我国分布于云南、贵州、四川、重庆、黑龙江、北京、山东、江西、浙江、福建、广东、香港、台湾等地。

天蛾科　Sphingidae
拍摄地点：云南省文山壮族苗族自治州麻栗坡县
拍摄时间：2018年4月24日

322

茜草白腰天蛾
Deilephila hypothous

　　体长47 mm，翅展87 mm。头部紫红褐色；胸部背板紫灰色，两侧棕绿色，后缘紫红色；腹部第2节背板棕绿色，第3节褐绿色，第4节以后粉棕色，第1、2节与第3、4节之间有白色横带；胸部腹面中央白色，两侧紫红色，后胸至腹部有白色腹线，两侧紫褐色；前翅褐绿色，基部粉白色，上面有一黑点，内线较直、褐绿色，内线与翅基间有一盾斑，中线迂回度较大，近后缘形成尖齿状，外线呈白色，两侧褐绿色，顶角上方有一白斑，下方有一三角形褐绿色斑；后翅中央有1条枯黄色带，横带至基部褐绿色，至外缘紫褐色。寄主为金鸡霜树、钩藤属植物。在我国分布于云南、四川等地。

天蛾科 Sphingidae
拍摄地点：云南省红河哈尼族彝族自治州金平苗族瑶族傣族自治县
拍摄时间：2018年4月19日

白眉斜纹天蛾
Theretra suffusa

　　翅展80～85 mm。体翅紫褐色；头及肩板两侧有粉白色绒毛；腹部腹面紫粉色；前翅前缘黄褐色，自顶角至后缘基部有紫粉色斜带，斜带两侧有深棕色纹，中室端有一黑色小点；后翅红色，基部及外缘棕黑色，缘毛白色；前、后翅反面杏黄色，基部及外缘灰褐色。寄主为野牡丹。在我国分布于云南、广东等地。

天蛾科 Sphingidae
拍摄地点：云南省文山壮族苗族自治州麻栗坡县
拍摄时间：2018年4月23日

324

青背斜纹天蛾
Theretra nessus

　　翅展105～115 mm。体绿褐色；胸部有橙色带，腹部背线褐绿色，两侧有橙黄色带，腹面橙黄色，中间有灰白色带；前翅褐色，基部及前缘暗绿色，基部后方有黑白色鳞毛，顶角外突稍向下弯曲，内侧灰黄色，自顶角至后缘中部有2条赭褐色斜纹，斜纹下方有棕褐色带，中室端有黑色点；后翅黑褐色，外缘及后角有灰黄色带；翅的反面灰橙色并有紫褐色细点散布，前、后翅的中央各有数条棕褐色横线，顶角及后缘黄色。寄主为芋、水葱。在我国分布于云南、西藏、广东、福建、湖北、湖南、香港、台湾等地。

天蛾科　Sphingidae
拍摄地点：云南省红河哈尼族彝族自治州金平苗族瑶族傣族自治县
拍摄时间：2018年4月19日

鹰翅天蛾
Oxyambulyx ochracea (*Ambulyx ochracea*)

　　翅展90～110 mm。体翅橙褐色，头部颜面白色，胸部背面黄褐色，两侧浓绿褐色；胸部第6节两侧及第8节的背面有褐绿色斑。前翅内横线由1条不甚显著的纹和上下2个褐绿色斑组成，中横线和外横线褐绿色波状不明显，顶角弯曲呈弓状形似鹰翅，沿外缘线褐绿色。后翅橙黄色，中带及外缘带棕褐色。1年发生1～2代，成虫5—8月出现。主要为害槭科植物。在我国分布于云南、四川、江苏、浙江、湖南、江西、福建、广东、香港、台湾等地。

天蛾科 Sphingidae
拍摄地点：云南省保山市隆阳区
拍摄时间：2016年8月25日

缺角天蛾
Acosmeryx castanea

　　翅展75～85 mm。体紫褐色，有金黄色光泽；腹部背面棕黑色，腹面棕赤色；前翅各横线呈波状，前缘略中央至后角有较深色斜带，接近外缘时放宽，斜带上方有近三角形的灰棕色斑，亚外缘线淡色，自顶角下方呈弓状，达第4脉后通至外缘，外侧呈新月形深色斑，顶角有小三角形深色纹；后翅棕黄色，前缘灰色，中央有2条深色横带；前翅反面赤褐色，外缘至基部灰褐色，前缘及亚外缘线呈白色斑，后缘枯黄色；后翅反面中部有数条暗色齿状横线，前缘有白色斑，外缘灰褐色。1年发生2代，以蛹越冬，成虫5—8月出现。寄主为葡萄、乌蔹莓。在我国分布于云南、四川、湖南等地。

天蛾科　Sphingidae
拍摄地点：云南省文山壮族苗族自治州富宁县
拍摄时间：2018年4月26日

黄点缺角天蛾
Acosmeryx miskini

翅展约90 mm。体灰褐色，有紫色闪光；胸部背面赭褐色；前翅灰褐色，中部赭黄色，内、中线不明显，外线及亚外缘线波状棕黑色，顶角呈缺切状有棕黑色缘线，中室端有一黄点；后翅赭黄色，前缘及内缘灰褐色；翅反面赭棕色，外缘呈深赭色，前翅顶角内侧有1块锈红色斑。寄主为葡萄、葛藤、猕猴桃。在我国分布于云南、海南等地。

天蛾科 Sphingidae
拍摄地点：云南省文山壮族苗族自治州富宁县
拍摄时间：2018年4月26日

328

构月天蛾
Paeum colligata

翅展65～80 mm。体翅褐绿色；胸部背板及肩板棕褐色。前翅亚基线灰褐色，内横线和外横线之间呈较宽的茶褐色横带；中室末端有1个小白点，外横线暗紫色，顶角有新月形暗紫色斑，四周白色；顶角至后角间有向内呈弓形的白色带。后翅浓绿色，外横线色较浅，后角有1块棕褐色月牙斑。每年发生2代，以蛹越冬，成虫6—9月出现。寄主为构树、桑树。在我国分布于广西、云南、四川、北京、河北、河南、山东、吉林、辽宁、湖南、广东、海南、台湾等地。

天蛾科 Sphingidae
拍摄地点：广西壮族自治区百色市那坡县
拍摄时间：2018年4月28日

329

猿面天蛾
Megacorma obliqua

　　体长61 mm，翅展100 mm。头部黄褐色，头顶有灰褐色毛丛，复眼大、黑色，触角粗壮，前1/3变细，顶端弯曲度大。胸部肩板赭黄色，外侧有黑色细纵纹，内侧有白边，胸部背面白色间有赭色细纹，各细纹间形成灰白色近方形斑。前、中足灰褐色，外侧白色，后足色偏深。前翅白色，各横线波浪形，棕褐色，中室端至前缘有近似三角形赭黑色斑，并有一深色斜带直达外缘，顶角有一深色闪形纹，后角外突，后缘弯曲；后翅棕黄色，后缘黄褐色，后角近白色，有两条并行的黑色波状纹向内方伸展，缘毛白色。前后翅反面斑纹不见，全翅面呈棕黄色，翅脉色稍深。在我国分布于云南。

天蛾科 Sphingidae
拍摄地点：云南省红河哈尼族彝族自治州金平苗族瑶族傣族自治县
拍摄时间：2018年4月19日

330

赭绒缺角天蛾
Acosmeryx sericeus

　　体长43 mm，翅展91 mm。体深赭色，有白色鳞毛及紫红色闪光；腹部腹面金黄色，各节间有赭色横带。前翅各横线赭棕色，各线间有紫粉色白纹，顶角内侧有深赭色三角斑，亚外缘线达第4脉端部，后角内有紫粉色短纹；后翅茶褐色，鳞毛较长；翅反面锈红色，前缘有白色斑纹，外缘棕褐色，前翅基部棕黄色，亚外缘线呈白色；后翅横线明显赭红色。在我国分布于云南。

天蛾科　Sphingidae
拍摄地点：云南省红河哈尼族彝族自治州金平苗族瑶族傣族自治县
拍摄时间：2018年4月19日

高粱掌舟蛾
Phalera combusta

体长28 mm，翅展55 mm。雄蛾触角呈双栉齿状。额棕黄色，头顶、颈板和前、中胸背面黄白色；翅基片和后胸灰褐色，翅基片基部和后胸各有1条红棕色横线。腹部背面橙黄色到褐黄色，每节两侧各有一黑点；雄蛾腹末第2、3节后缘各有1条黑色横线，雌蛾腹末第2节黑色。前翅淡黄色，M_3—Cu_2脉间红棕色,外缘呈雾状灰褐色；前缘基部和中室内有暗灰褐色细纹；端线双股，由脉间黑褐色齿形线组成，外衬黄白色边；缘毛棕色。后翅暗灰褐色，基部和内缘较淡，脉间缘毛黄白色，脉端棕色。在我国分布于广西、云南、北京、河北、福建、台湾等地。

舟蛾科 Notodontidae
拍摄地点：广西壮族自治区百色市那坡县
拍摄时间：2018年4月28日

332

本奇舟蛾
Allata benderi

翅展38～44 mm。雄蛾触角的栉状分支两侧等长。头部和胸部背面均暗红褐色，毛丛较稀疏。头顶和前胸背板中央部分黑色，颈板浅黄褐色。前翅中室之前的区域灰褐色，后半部略显暗红褐色；中室后部有1个银色斑纹。后翅灰褐色，缘毛颜色稍浅。在我国分布于广西、云南等地。

舟蛾科 Notodontidae
拍摄地点：广西壮族自治区百色市那坡县
拍摄时间：2018年4月28日

拟宽掌舟蛾
Phalera schintlmeisteri

  翅展44～75 mm。停息时远看好像一段浅色枯枝。下唇须和额棕色，头顶、颈板黄白色。胸部背面前半部黄褐色，后半部灰白色。腹部背面黄褐色。前翅灰褐色，具银色光泽；顶角斑淡黄白色，有时呈三角形，斑内脉间具黄褐色纹；横脉纹近肾形、黄白色，中央灰褐色；缘毛棕色。后翅暗褐色，有1条模糊的灰白色外带。

舟蛾科 Notodontidae
拍摄地点：海南省五指山市（五指山国家级自然保护区）
拍摄时间：1998年6月下旬

334

肖黄掌舟蛾
Phalera assimilis

　　前翅有银白色光泽，雌蛾掌形斑较宽，斑内缘有一明显的红棕色边，外线紧接此边向后伸，斑下R₅—M₃脉间有2～3个不清晰的红棕色的斑点，在后缘的内线内侧和外线外侧近臀角处有一暗褐色斑。幼虫为害栎属植物，也有记载为害白杨和榆树。在我国分布于云南、河北、山东、江苏、浙江、河南、湖北等地。

舟蛾科 Notodontidae
拍摄地点：云南省保山市隆阳区
拍摄时间：2016年8月25日

褐带绿舟蛾
Cyphanta xanthochlora

　　雄性体长20 mm，翅展45 mm。触角黄褐色，基部背面灰白色。头部有黑褐色的直立短毛簇。前胸绿色，中后胸棕褐色。腹部浅黄色，背面有褐色毛。前翅绿色，中室内有1枚褐色小点，中室端有1枚，稍大；中室外在M_3与Cu_1脉之间有1枚褐色圆形大斑，由此斑斜向上直达翅顶前的各脉上均有1个褐色小点；在臀区近基部的2_A脉下有1个由灰色与褐色混杂组成的斑，其外缘的灰白色边线直达翅的后缘；外缘弧形，臀角不明显；缘毛绿色。后翅黄色，外缘区散生褐色鳞片，形成松散的宽带；缘毛黄色。在我国分布于四川、云南、陕西等地。

舟蛾科 Notodontidae
拍摄地点：四川省雅安市宝兴县（蜂桶寨国家级自然保护区）
拍摄时间：2003年8月中旬

黄毒蛾
Artaxa flava

　　翅展雄蛾25～33 mm，雌蛾37～42 mm。前翅中央横带的下部散布深色黄鳞，其两侧色泽较淡；亚端部有3个黑点，但有变化，甚至完全消失。成虫夏秋间出现，一般发生于山谷平地。寄主为樱、蔷薇、栎、榆、落叶松等多种树木。在我国分布于云南、四川、广西、黑龙江、辽宁、北京、河北、山东、安徽、江苏、浙江、江西、湖南、福建、海南等地。

毒蛾科　Lymantriidae
拍摄地点：云南省文山壮族苗族自治州马关县
拍摄时间：2018年4月21日

锈黄毒蛾
Eurpoctis plagiata

体长20 mm，翅展43～66 mm。头部和胸部橙黄色；腹部暗褐色微带橙黄色，基部橙黄色，刚毛簇橙黄色；前翅橙黄色，中央略带红棕色，上布黑色鳞片，在中室端部后缘有1块橙黄色斑，翅外缘黑褐色鳞稀少，后缘有黑色长毛和橙黄色毛；后翅橙黄色，基部色浅，前缘外侧稀布黑色鳞片。在我国分布于云南、西藏等地。

毒蛾科　Lymantriidae
拍摄地点：云南省红河哈尼族彝族自治州河口瑶族自治县
拍摄时间：2018年4月20日

乌桕黄毒蛾
Euproctis bipunctapex

　　翅展雄蛾22 mm，雌蛾33 mm。黄色有赭褐斑纹，前翅顶黄色三角区内有两个明显圆斑，前翅前缘、基部三角区、后翅外缘均黄色，前翅横脉纹有时褐色可认。寄主为乌桕、油桐等多种大戟科树木。在我国分布于云南、四川、西藏、江苏、浙江、江西、福建、台湾、湖北、湖南等地。

毒蛾科 Lymantriidae
拍摄地点：云南省文山壮族苗族自治州富宁县
拍摄时间：2018年4月26日

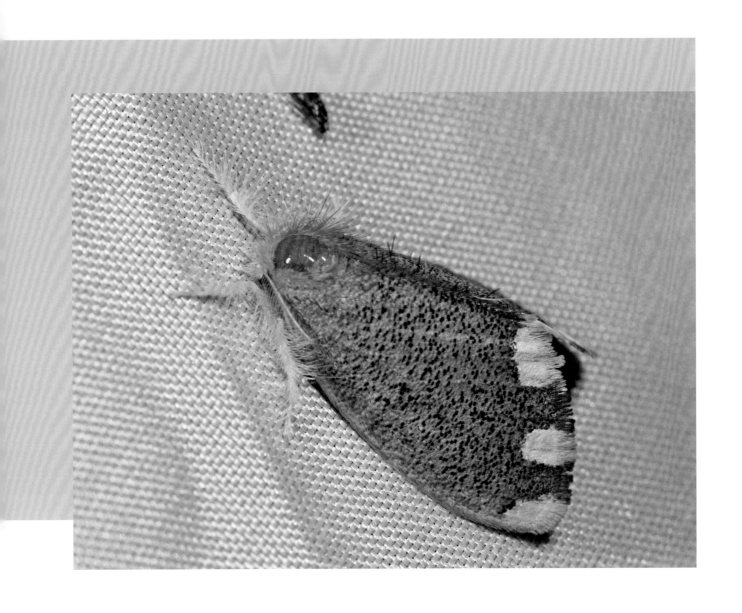

黑褐盗毒蛾
Porthesia atereta

　　体长10～12 mm，翅展26～27 mm。前翅赤褐色，有浅紫光辉，并饰以黑纹，前缘、外缘硫黄色，但不达前缘基部，外缘黄带内方形斑纹被赤褐部分隔为3段，边缘有银白斑；后翅黄色。头及颈部橙黄色，触角羽毛黄褐色，腹部黄褐色，胸部褐色，腹面淡黄色，前翅亚端纹暗色，尾端有橙黄毛丛。寄主为刺槐。在我国分布于云南、四川、广西、贵州、西藏、湖北、广东、福建、台湾等地。

毒蛾科 Lymantriidae
拍摄地点：云南省文山壮族苗族自治州麻栗坡县
拍摄时间：2018年4月18日

轻白毒蛾
Arctornis cloanges

　　体长10 mm，翅展34 mm。体白色，翅半透明、白色、有光泽，翅基部和翅脉淡绿色。在我国分布于云南、四川等地。

毒蛾科 Lymantriidae
拍摄地点：云南省文山壮族苗族自治州马关县
拍摄时间：2018年4月22日

金污灯蛾
Spilarctia flavalis

　　翅展40 mm左右；橙黄色；下唇须上方、额两侧及触角黑色，下唇须下方橙黄色；胸足橙黄色具黑带；腹部背面基部、端部及腹面白色，背面橙黄色，背面、侧面各具1列黑点；前翅橙黄色，从翅顶至后缘中部有一斜列灰褐色斑点带，5脉至3脉间有一些灰褐色亚端点；后翅白色，臀角区染黄色，横脉纹有一暗褐色点，亚端点暗褐色，在5脉上方有一斑点，臀角上方1～4个斑点。在我国分布于云南、西藏等地。

灯蛾科　Arctiidae
拍摄地点：云南省文山壮族苗族自治州马关县
拍摄时间：2018年4月22日

丽灯蛾
Callimorpha sp.

　　头部孔雀蓝色，颈片橘黄色，胸部背面孔雀蓝色，无斑纹。前翅黑色，在翅的端
半部长形的白斑排列成C形，翅基有2个大的白斑。

灯蛾科　Arctiidae
拍摄地点：云南省保山市隆阳区
拍摄时间：2016年8月25日

显脉污灯蛾
Spilarctia bisecta

翅展雄蛾40～48 mm，雌蛾50～58 mm；土褐黄色；触角黑色，雄蛾为双栉形，栉齿较长；额两侧黑色；下唇须黑色，下方基部红色。胸部背面通常有黑色纵带；胸足黑色，前足基节与腿节上方红色。腹部背面除基节与端节外红色，背面、侧面及亚侧面各有1列黑点。前翅土褐黄色，翅脉色稍淡，比较明显，从翅顶到后缘中部有1列较均匀的黑色小点，1b脉上方有时有内线点，5脉与3脉间有几个黑色亚端点；后翅色淡，后缘区常染红色，横脉纹有1个黑点，亚端点1～5个。在我国分布于云南、广西、四川、贵州、江苏、浙江、福建、山东、湖北、湖南、广东等地。

灯蛾科 Arctiidae
拍摄地点：广西壮族自治区百色市那坡县
拍摄时间：2018年4月28日

新鹿蛾
Caeneressa sp.

　　体长11 mm，翅展26 mm。头、触角黑色，触角端部白色，颈板黑色，侧面黄色，翅基片黄色，末端有黑毛，胸部黑色，后胸有黄斑；腹部黑色，第1节具黄斑，其中间断裂，第2、7节有黄带；翅透明，翅脉及边缘黑色，前翅翅顶黑边宽，横脉纹为黑斑。

鹿蛾科　Amatidae
拍摄地点：云南省保山市隆阳区（高黎贡山国家级自然保护区）
拍摄时间：1992年5月20日

黄体鹿蛾
Amata grotei

　　翅展34 mm。触角黑色，端部白色，头、胸部黑色，额黄色，颈板、翅基片橙黄色，胸部中间具两条黄色纵斑，后端具黄色横斑；腹部黑色，各节均具有黄带；前翅黑色翅斑透明，前缘下方及1脉橙黄色，中室端达翅缘为1条放射黑纹；后翅后缘基部黄色，翅斑大。在我国分布于云南、广东等地。

鹿蛾科　Amatidae
拍摄地点：云南省红河哈尼族彝族自治州河口瑶族自治县
拍摄时间：2018年4月20日

春鹿蛾
Eressa confinis

体长7.7 mm，翅展22 mm。雄蛾触角双栉状，黑褐色，尖端或多或少具白色；中、后胸具黄斑；腹部背面、侧面和腹面各具有1列黄点；前后翅都分布有透明斑，这些翅斑之间以翅脉分隔。

鹿蛾科 Amatidae
拍摄地点：云南省红河哈尼族彝族自治州金平苗族瑶族傣族自治县
拍摄时间：2018年4月18日

丹腹新鹿蛾
Caeneressa foqueti

　　翅展18～24 mm。触角黑，雄蛾双栉状，头、胸部黑色，额白色，颈板、翅基片黑色，翅基片基部具白斑，后胸有红带；腹部黑色，有蓝色光泽。前翅具有5个透明斑；后翅黑色，具有1个透明斑。在我国分布于云南。

鹿蛾科 Amatidae
拍摄地点：云南省红河哈尼族彝族自治州金平苗族瑶族傣族自治县
拍摄时间：2018年4月18日

多点春鹿蛾
Eressa multigutta

　　翅展25～32 mm。雄蛾触角呈锯齿状；头、胸部蓝黑色、有光泽，颈板、翅基片红色，后胸具红缘缨；腹部红色，背面具蓝黑色短带，侧面具1列黑点，腹末蓝黑色；前翅黄色透明，翅脉及翅缘黑色、翅缘黑边窄；后翅黄色透明，翅脉黑色，横脉纹为1个黑点，端带黑色。在我国分布于四川、云南、西藏等地。

鹿蛾科 Amatidae
拍摄地点：贵州省铜仁市（梵净山国家级自然保护区）
拍摄时间：2002年5月下旬

黑长斑苔蛾
Thysanoptyx incurvate

　　体形中等。翅展34～44 mm。触角线形，具长的鬃和纤毛。翅形瘦长，翅灰黄色。前胸背板具黑色分布，前翅近后缘有1条黑色宽广的纵带，近前缘后端有1枚弯状黑斑，停栖时两翅相叠。足细长。在我国分布于云南、台湾等地。

灯蛾科 Arctiidae
拍摄地点：云南省红河哈尼族彝族自治州金平苗族瑶族傣族自治县
拍摄时间：2018年4月19日

代土苔蛾
Eilema vicaria

体长10 mm，翅展29 mm。头橙色；头、颈板和翅基片基部橙黄色，下唇须顶端、触角黑色，胸部铅灰色，腹部灰色、端部及腹面橙黄色；前翅铅灰色，前缘带橙黄色，缘毛黄色；后翅淡黄色。在我国分布于云南、广西、浙江、广东等地。

灯蛾科 Arctiidae
拍摄地点：云南省红河哈尼族彝族自治州河口瑶族自治县
拍摄时间：2018年4月20日

351

美雪苔蛾
Chionaema distincta

　　翅展雄蛾34～40 mm，雌蛾42～50 mm。头、胸、腹白色，腹部背面除基部与端部外染红色；前翅白色，亚基线红色，雄蛾前缘基部具红边，内线为红色斜线，中室中部有1个黑点，雌蛾横脉纹具2个黑点，雄蛾则为1条短黑带，外线红色，雄蛾在前缘毛缨上具1个黑点，位于前缘下方，亚端线红色，位于前缘下方、后缘上方；后翅红色，前缘区白色，反面白色，横脉纹褐色。雄蛾前翅反面叶突为三叉形。在我国分布于云南、四川、西藏等地。

灯蛾科 Arctiidae
拍摄地点：云南省红河哈尼族彝族自治州金平苗族瑶族傣族自治县
拍摄时间：2018年4月18日

猩红雪苔蛾
Chionaema coccinea

　　体红色。雄蛾前翅基部黄或白色，内线黑色其内方为白或黄片，中室端区有一白或黄色圆片，内有3个黑点；雌蛾前翅白色，亚基线红色，内线红色，其内边黑色，外线红色，其外边黑色，中室有2个黑点，端线红色。幼虫为害台湾相思。在我国分布于云南、海南、广东等地。

灯蛾科　Arctiidae
拍摄地点：云南省红河哈尼族彝族自治州河口瑶族自治县
拍摄时间：2018年4月20日

舞蛾
Choreutidae

　　体形很小的蛾类。体色以黑褐色为主。触角褐、白两色相间。前翅底色为黑褐色，具褐色斑和白色小点组成的横带。停息时，翅中部的横带左右相连。缘毛较长，灰黑色，杂有白色。成虫休息时会像孔雀开屏那样将双翅向后斜向展开，并在叶面上不停地转圈，好似跳舞一样。

舞蛾科 Choreutidae
拍摄地点：云南省文山壮族苗族自治州马关县
拍摄时间：2018年4月21日

长斑拟灯蛾
Asota plana

　　体长23 mm，翅展70 mm。头、胸、腹部赭黄色；翅基片、中胸、后胸有较大黑点；前翅黑褐色，基部具黄斑，上有黑点，中部一大型白色长斑，中室上角外有一方形小斑；后翅白色，中室端具黑褐色斑，中室中部具一黑褐点，外线处有3个黑褐斑，端带黑褐色达臀角上方；前翅反面的中室中部前方有一黑斑，中室端具一黑斑。在我国分布于云南、台湾、广东等地。

灯蛾科 Arctiidae
拍摄地点：云南省文山壮族苗族自治州富宁县
拍摄时间：2018年4月26日

铅闪拟灯蛾
Neochera dominia

　　体长25 mm，翅展66～80 mm。头白色有1块橙黄色斑，胸、腹白色，背面覆盖橙黄色，翅基片与后胸具黑点，腹部背面及亚侧面具黑点；翅的色泽多变，由浅至暗铅灰色，有闪光，前翅基部有橙黄斑及黑点，翅脉及亚中褶白色，缘毛黑白相间；后翅白色，中室端具方形闪光蓝黑斑，外缘区具1列蓝黑闪光斑，或整个端部暗铅灰色。在我国分布于云南、广东等地。

灯蛾科 Arctiidae
拍摄地点：云南省红河哈尼族彝族自治州金平苗族瑶族傣族自治县
拍摄时间：2018年4月19日

356

中金弧夜蛾
Diachrysia intermixta

体长约17 mm，翅展约37 mm。头部及胸部红褐色，翅基片及后胸褐色；腹部黄白色，基节毛簇褐色；前翅棕褐色，基线与内线灰色，环纹斜，细灰边，肾纹灰色细边，一大金斑自前缘外部1/4至亚褶并内伸至环纹后端，亚端线褐色；后翅基半部微黄，外部褐色。寄主为胡萝卜、菊、蓟、牛蒡等。在我国分布于云南、四川、重庆、东北、华北、湖北、台湾等地。

夜蛾科 Noctuidae
拍摄地点：云南省保山市隆阳区
拍摄时间：2016年8月24日

殿尾夜蛾
Anuga sp.

体形中等偏小。喙发达。下唇须向上伸，第2节较宽，第3节短。额无突起，有鳞脊。雄蛾触角一般长于前翅，有栉齿。胸部无毛簇，臀区毛簇长。前翅窄长，停息时双翅向两侧水平伸直，身体呈T形。幼虫植食性，以蛹越冬。成虫有趋光性。

夜蛾科 Noctuidae
拍摄地点：云南省保山市隆阳区
拍摄时间：2016年8月25日

红晕散纹夜蛾
Callopistria repleta

体长17 mm，翅展29 mm。头部及胸部淡褐黄色，杂有黑色及少许白色，头顶及颈板大部黑色，颈板基部有一黄横线，中部有一白横线，雄蛾触角中段呈波形弯曲，前足胫节及第1跗节有长毛，中足胫节有长毛束，内距有长毛，第1跗节有长毛束，后足腿节有黑毛；腹部黄褐色，各节背面有黑灰横条，毛簇端部黑色；前翅棕黑色间红赭色、褐色和白色，翅脉灰白色，第4～7脉褐黄色，基线黄白色，内线双线白色，线间黑色，剑纹黑色，蓝白边，环纹斜，黑色黄边，前端开放，肾纹乳黄色，中央有双黑纹，外线双线白色，线间黑色，外方另一白线自5脉至后缘，亚端线白色，前半为3个白斜条，后半只在第2、3脉为弱白线，内侧有一黑锯齿形线自第4脉至第1脉，端线白色，在第4脉后为新月形，缘毛黑色，基部黄色；后翅灰褐色，缘毛基部黄色。在我国分布于云南、四川、黑龙江、湖北等地。

夜蛾科 Noctuidae
拍摄地点：云南省文山壮族苗族自治州麻栗坡县
拍摄时间：2018年4月25日

模粘夜蛾
Leucania pallens

　　体长约14 mm，翅展约33 mm。头部及胸部淡赭黄色，触角干基部白色；腹部淡黄色；前翅淡赭黄色，翅脉黄白色衬以淡褐色，各翅脉间有淡褐色纵纹，中室下角有一黑点，外线仅5脉上显示出一黑点或完全不显；后翅白色微染淡赭色。幼虫取食杂草。在我国分布于广西、黑龙江、新疆、宁夏、青海等地。

夜蛾科 Noctuidae
拍摄地点：广西壮族自治区百色市那坡县
拍摄时间：2018年4月27日

无肾巾夜蛾
Parallelia crameri

　　体长21～23 mm，翅展52～55 mm。头部、胸部及腹部黑棕色；前翅大部分黑棕色，中带白色，其中有褐色细点，前后端稍宽，外线白色外斜，在6脉处折角内斜并呈黑棕色，在2脉处稍内弯，外线折角处至顶角有一斜纹，内侧黑棕色扩展；后翅黑棕色，中带白色，端区色较灰，2脉端部有一黑斑，其内侧有一白点，端线黑棕色。在我国分布于贵州、云南、海南、湖北、广东等地。

夜蛾科　Noctuidae
拍摄地点：海南省乐东黎族自治县（尖峰岭国家级自然保护区）
拍摄时间：1998年6月下旬

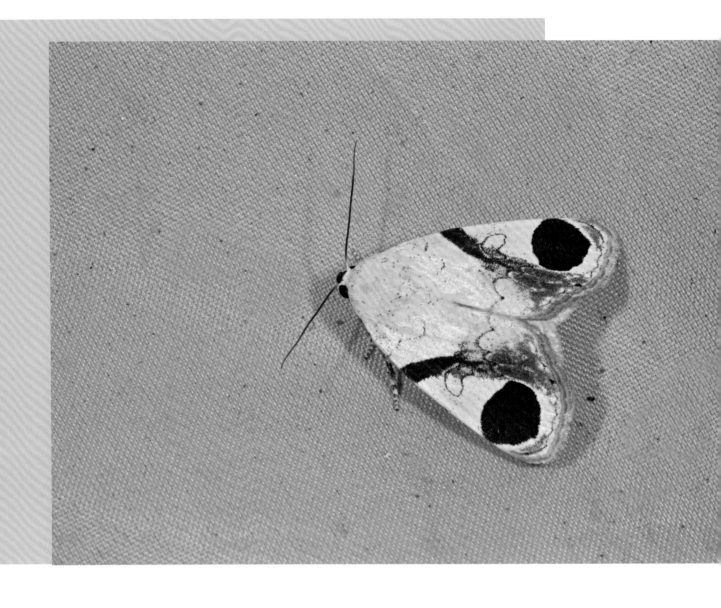

日月夜蛾
Chasmina biplaga

　　体长9～12 mm，翅展28～38 mm。全体粉白色带土红色；下唇须上部红褐色；额上缘有一横黑斑，触角褐色；足粉白微现土色散点；前翅有一土红色斜条从前缘脉中部起达外缘臀角，向前曲，不连续地达到翅尖，成为亚端线部分，近外缘部分较宽较暗，间有白隙，环纹为一不完整的土红色圈，中间粉色，其后方有一白斑，肾纹为一半圆形土褐色大斑，前后略尖，端线细，淡土褐色，在第3中脉后有1个黑色点及2个土褐色点；后翅粉白带黄光，外缘较褐，横脉纹不显。寄主植物不明。在我国分布于华东、华中、西南等地区。

夜蛾科 Noctuidae
拍摄地点：云南省文山壮族苗族自治州麻栗坡县
拍摄时间：2018年4月24日

362

橘肖毛翅夜蛾
Lagoptera dotata

　　体长25～27 mm，翅展57～60 mm。头部及胸部棕色；腹部灰棕色；前翅外线至亚端线间色浓，亚端线外灰白色，内线外斜至后缘中部，环纹为一黑棕点，肾纹为2个褐色圆斑，外线微波浪形，后端达臀角，内、外线均衬以灰色，亚端线直，黑棕色，端线双线波浪形；后翅黑棕色，中部有1条白色弯带，外缘带有蓝白色，缘毛黄白色，中段带有褐色。寄主为柑橘。在我国分布于云南、四川、贵州、湖北、江西、台湾、广东等地。

夜蛾科 Noctuidae
拍摄地点：云南省保山市隆阳区
拍摄时间：2016年8月25日

膜翅目
HYMENOPTERA

褶翅蜂
Gasteruptiidae

　　体长20 mm，体黑色。前、中足的腿节两侧、胫节的端部、基跗节的大部及后足腿节的最基部均为黄色，后足胫节腹方在基部黄白色；腹部第1～2节后方红黄色；鞘端部白色；翅稍带烟色，翅痣和翅脉黑色。该蜂的习性属于盗寄生性，雌蜂钻入寄主（独栖性蜜蜂）巢中，在每个巢室内产下1枚卵；幼虫孵化后先取食寄主的卵或幼虫，之后会以寄主贮存的蜂粮为食，并保持发育。

褶翅蜂科 Gasteruptiidae
拍摄地点：云南省红河哈尼族彝族自治州金平苗族瑶族傣族自治县
拍摄时间：2018年4月18日

花胸姬蜂
Gotra octocinctus

　　体长9~12 mm。触角黑褐色，雌蜂第7~15节、雄峰第10~18节上面黄色；颜面、唇基、上颚、唇须、颚须、眼眶、上颊、前胸背板前缘及后上方、中胸盾片中央圆斑、小盾片及上侧隆脊、翅基片、中胸侧板近翅基处和腹板、后盾片、后胸侧板的一纹、并胸腹节后方左右及上部连接成的"凸"字形纹，均为黄白色。足赤黄色，基节带黄白色。翅透明，翅痣及翅脉黑褐色。腹部黑褐色，雄蜂各节后缘黄色；雌蜂产卵管赤褐色，鞘黑色。在我国分布于云南、广西、江苏、浙江、安徽、湖南、福建、广东等地。

姬蜂科 Ichneumonidae
拍摄地点：云南省红河哈尼族彝族自治州金平苗族瑶族傣族自治县
拍摄时间：2018年4月20日

367

上海青蜂
Praestochrysis shanghaiensis

　　雌蜂体长9～11 mm。体黑色，有绿、紫、蓝色光泽，腹面蓝绿色。颜面、头顶中央至后头绿色有光泽。单眼黄色，向后延伸呈三角形。触角13节，基部绿色，其余黄褐色。中胸盾片中央深紫色，侧叶内缘紫色，外缘绿色。腹部第2背板基部和第3背板大部有紫色纹，后缘绿色。足部有绿色光泽，跗节黄褐色。腹部背面3节，密布小刻点，第3背板后缘有5个小齿。雄蜂大部分呈蓝紫色。图示为雌蜂。在我国分布于四川、广东、湖北、湖南、江西、江苏、辽宁、上海、浙江等地。

青蜂科　Chrysididae
拍摄地点：广东省深圳市龙岗区（大鹏半岛国家地质公园）
拍摄时间：2010年8月23日

368

蛛蜂
Pompilidae

　　成虫体长7～10 mm，体黑色。翅透明，带灰色；翅脉黑色，体密生微毛。颜面、胸部腹面及足等带银白色。触角，雄性13节，直；雌性12节，弯曲。前胸背板向后延伸达翅的基部；中胸侧板上有一横缝。足具刚毛，黑色至黑褐色。腹部比较短，柄不明显。雌性有发达的螫刺。蛛蜂常在地面低飞或爬行，寻找蜘蛛以捕捉，并将其带回筑在地下的巢中，封贮以饲育幼虫。

蛛蜂科　Pompilidae
拍摄地点：云南省文山壮族苗族自治州麻栗坡县
拍摄时间：2018年4月24日

黄腰胡蜂
Vespa affinis

雌性体长约20 mm，散布细刻点，头胸部有棕黑色细毛。触角棕褐色。前胸背板前缘中部略向前隆，两肩角明显，中胸背板两侧为棕色，两下角黑色。中胸背板黑色，有一中纵线。小盾片横形圆突，棕色，中央有一纵沟，后缘有一黑褐色横线。后小盾片棕黑色，横形，后缘向下尖伸。并胸腹节黑色，向下后方延伸。翅烟褐色，前翅基半部色较深，半透明。前翅亚缘脉和中脉黑色，其余脉和翅基片棕褐色。各足大体黑至黑棕色。雄性与雌性相似，头胸部黑褐色，腹部7节。在我国分布于云南、广西、浙江、安徽、福建、台湾、广东等地。

胡蜂科 Vespidae
拍摄地点：云南省红河哈尼族彝族自治州金平苗族瑶族傣族自治县
拍摄时间：2018年4月18日

角马蜂
Polistes antennalis

　　雌性体长约12 mm。头部宽于胸部。颅顶及额部和颊部均为黑色，两触角窝上方有一略微弯曲的黄色横带，两复眼下侧各有一黄斑。触角支角突和柄节背面黑色，柄节腹面黄棕色，鞭节棕色。上颚中间黄色，周缘黑色。前胸背板与中胸背板均为黑色，二者连接处为黄边。小盾片呈矩形，高于中胸背板，除端部中央呈黑色外，全呈黄色。腹部沿端部边缘及两侧为黄色，其余均黑色，光滑；第2节背板黑色，近中部两侧各有一黄斑，端部边缘有一黄色横带；第2～5节腹板及第3～5节背板均为黑色，仅于端部边缘有一黄色横带；第6节背、腹板近三角形，黑色，中央有一黄色斑，光滑并覆绒毛。雄性体长约15 mm，除各足股节背面以外几乎全体黄色。在我国分布于贵州、北京、新疆、内蒙古、河北、山西、吉林、甘肃、江苏、浙江、安徽、福建等地。

马蜂科 Polistidae
拍摄地点：北京市海淀区（翠湖国家城市湿地公园）
拍摄时间：2006年7月31日

棕马蜂
Polistes gigas

　　雌性体长约30 mm，全体深棕色，有光泽。头宽窄于胸部。颜面、额头顶、颊均密布粗刻点。触角黑色，末端带棕色。前胸背板密布横皱刻点，沿前缘有黑色领状突起。中胸背板表面较平坦，密布粗大刻点，有3条纵隆线。小盾片、后小盾片表面较平，密布粗刻点。并胸腹节后方向下倾斜，表面密布粗横皱脊。中、后胸侧板密布粗刻点。翅深烟黄色；翅痣和其他脉褐、黑褐至黑色。各足棕黑色。雄性体较大，约38 mm。复眼较小，上颊宽大，颜面、唇基和上颚颜色较黑。腹部7节，色较深。在我国分布于云南、广西、贵州、重庆、四川、江苏、浙江、福建、广东等地。

马蜂科　Polistidae
拍摄地点：云南省文山壮族苗族自治州麻栗坡县
拍摄时间：2018年4月26日

372

黄猄蚁
Oecophylla smaragdina

工蚁体长6～11 mm，体橙红色至锈红色，全身有细密的网状刻点和细微的柔毛，光泽较弱。头部三角形，上颚发达，端齿弯而尖，具1排小锯齿。并腹胸狭长，前胸背板突，前端延长呈颈状；中胸背板前部细长，后部明显变宽；并胸腹节钝圆。腹柄结长，中部稍膨大；后腹部短。足细长。在我国分布于云南、广西、广东、海南等地。

蚁科 Formicidae
拍摄地点：广东省深圳市
拍摄时间：2011年10月16日

截胸弓背蚁
Camponotus mutilarius

　　工蚁体长6~9 mm。俗称香斑弓背蚁。体黑色，但中胸、并胸腹节和腹柄结红色，后腹部第1节背板有2个大红斑。在我国分布于广西、云南等地。

蚁科 Formicidae
拍摄地点：广西壮族自治区百色市那坡县
拍摄时间：2018年4月27日

日本弓背蚁
Camponotus japonicus

工蚁体长9.2～12.2 mm，体黑色。颊前部、上颚及足红褐色。前胸背板和中胸背板较平，并胸腹节急剧侧扁，腹柄结较薄。头、并腹胸和腹柄结有细密网状刻纹，有一定光泽；后腹部刻点更细密。头和并腹胸有稀疏立毛和细短柔毛；腹柄结有立毛8～10根；后腹部有丰富的倾斜毛和倒伏毛。在我国各地均有分布。

蚁科 Formicidae
拍摄地点：北京市门头沟区
拍摄时间：2005年8月22日

375

双翅目
DIPTERA

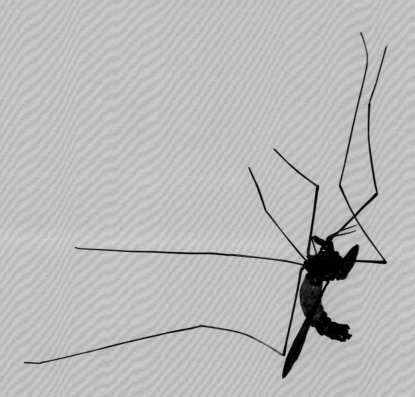

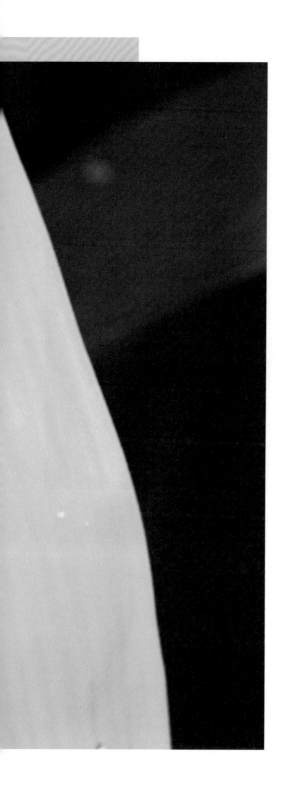

丽大蚊
Tipula（*Formotipula*） sp.

　　体色鲜明，整体为绒黑色，腹部第2~5节背、腹板橘红色，背板侧边黑色，与绒红色两色相间。喙短且钝，鼻突短小。触角棕黑色，呈简单丝状。翅黑色或白色，透明。成虫发生期在4—10月，活动于中、低海拔山区，产卵于较干燥的土中。在我国分布于云南、贵州、四川、江苏、浙江、福建、台湾等地。

大蚊科 Tipulidae
拍摄地点：云南省红河哈尼族彝族自治州金平苗族瑶族傣族自治县
拍摄时间：2018年4月19日

雅大蚊
Tipula（*Yamatotipula*）sp.

　　体长11～13 mm，翅长13～15 mm。体淡褐色，中胸背板有数条不明显纵脊，中央纵纹较明显。翅灰色透明，前缘区具褐色粗条纹。足黄褐色。成虫的发生期在4—10月，栖息于中、低海拔地区。在我国分布于重庆、河北等地。

大蚊科 Tipulidae
拍摄地点：河北省张家口市涿鹿县（小五台山国家级自然保护区杨家坪管理区）
拍摄时间：2005年8月20日

云南短柄大蚊
Nephrotoma sp.

体长10～15 mm，翅长11～17 mm。体中型，黄色具黑色斑纹。触角雌雄异型，雄蚊鞭节基部和端部明显突起，基部具明显触角毛轮；雌蚊触角线状无突起。中胸背板有明显的黑色纵纹。

大蚊科 Tipulidae
拍摄地点：云南省红河哈尼族彝族自治州金平苗族瑶族傣族自治县
拍摄时间：2018年4月19日

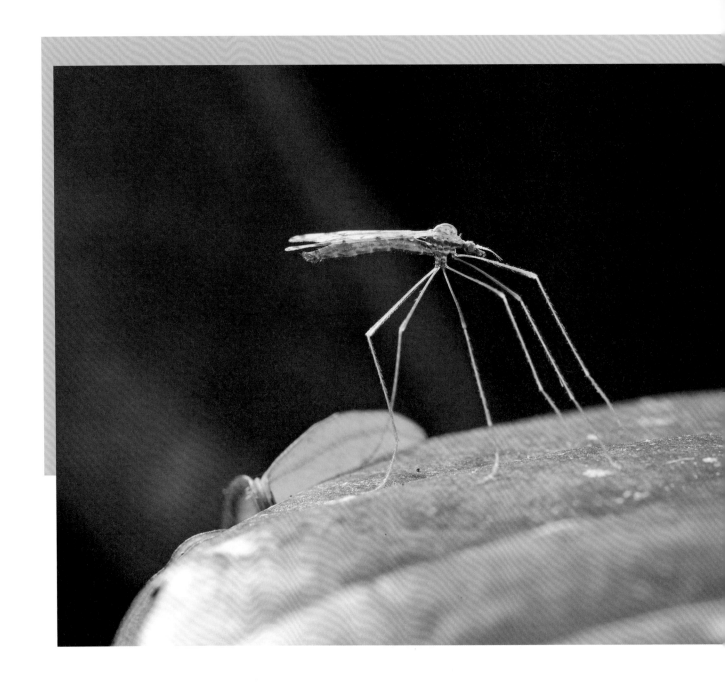

沼大蚊
Limoniidae

　　体形中等偏小，较细弱。体背面有灰白、褐色相间的花纹。中胸发达，背板上有灰白、褐色相间的纵条纹。翅较宽，超过腹部末端，平衡棒稍向后上方弯曲。足十分细长，淡灰褐色。

沼大蚊科 Limoniidae
拍摄地点：云南省文山壮族苗族自治州马关县
拍摄时间：2018年4月22日

叉毛蚊
Penthetria sp.

　　体形小。体以黑色为主，中胸背板红褐色。胸部侧板的毛较多。喙较短，触角11～12节，黑色。复眼黑色，雄性复眼大，在头顶相接，形成一条缝。触角基部下方的颜面形成一个深凹陷。足细长。翅黑褐色，稍微透明。雄虫抱握器位于侧面，较粗大；平衡棒黑色；腹部黑色多毛。雌性腹部较大，末端变细，尾须2节。雌虫在土壤或腐殖质中产卵，幼虫常群集为害植物的根茎和幼苗。成虫访花，取食蜜露。

毛蚊科　Bibionidae
拍摄地点：云南省红河哈尼族彝族自治州金平苗族瑶族傣族自治县
拍摄时间：2018年4月20日

菌蚊
Mycetophilidae

　　体小型。头部以褐色为主，复眼、单眼黑色。胸部背板黑色，光亮。腹部各节背板黑色，有黄色横带。翅褐色，半透明。胸部通常粗壮，隆突。头部顶端比胸部前端低，胸部厚且结实。体表被细毛。翅长近椭圆形，翅脉清晰。足很长，腹节特别长，细弱，胫节端距发达。成虫生活于潮湿的林地里。幼虫取食菌类，有时群聚。在我国分布于贵州、云南等地。

菌蚊科 Mycetophilidae
拍摄地点：贵州省黔东南苗族侗族自治州雷山县（雷公山国家级自然保护区）
拍摄时间：2005年5月31日

384

水虻
Stratiomyidae

　　有小型到中型，体略扁。头短阔，额突出，眼大，有单眼，触角变化很大，喙短。胸部通常比腹部狭，小盾片大。足的胫节无距，后足腿节略粗，有3个垫。翅略狭，前缘区坚强，前缘脉不超过顶角；盘室小，有1～2个亚缘室，腋瓣小。腹部扁。

水虻科 Stratiomyidae
拍摄地点：云南省文山壮族苗族自治州麻栗坡县
拍摄时间：2018年4月24日

鹬虻
Rhagio sp.

　　体红棕色，胸部有较深的斑纹，腹部黑色和红棕色相间。雄虫复眼一般相接，雌虫复眼分开。唇基发达，隆突。触角柄节和梗节大致相等，鞭节近锥状，具细长的芒。须细长，仅1节。中胸背板明显隆突；后侧片前隆突部分被毛。前足基节较长，中、后足基节较短。翅有较发达的翅瓣。生活于潮湿的林缘地带。在我国分布于云南、重庆等地。

鹬虻科　Rhagionidae
拍摄地点：云南省红河哈尼族彝族自治州金平苗族瑶族傣族自治县
拍摄时间：2018年4月19日

中角虻
Tabanus signifer

　　体长20～22 mm，红棕色大型种。复眼无带。前额黄色，具同色毛。触角橙色，第1、2节被黑毛。背板红棕色，小盾片浅棕色，有5条浅灰色条纹。侧板黄灰色，被白色长毛并间杂少量黑毛。翅透明，翅脉黄棕色。足股节棕色，被白毛，胫节红棕色，黑白毛间杂，跗节黑色。平衡棒棕色。腹部背板红棕色，第3～6节中央有白色的三角形斑，以第3、4节三角形斑大而明显。在我国分布于云南、四川、福建等地。

虻科 Tabanidae
拍摄地点：云南省红河哈尼族彝族自治州金平苗族瑶族傣族自治县
拍摄时间：2018年4月18日

黑缟蝇
Minettia sp.

    体小型。体以黑色为主，翅浅黄色，略透明；复眼红色；足棕黑色；腹部黄色至黑色。额宽大于长，前缘平或微凹；触角椭圆形，触角芒柔毛状至长羽状；翅基部有毛，翅末端超过腹末很多，翅脉简单，明显。幼虫菌食性或腐食性。成虫栖息于潮湿荫蔽的林间，夜间活跃，有趋光性。

缟蝇科　Lauxiidae
拍摄地点：云南省红河哈尼族彝族自治州金平苗族瑶族傣族自治县
拍摄时间：2018年4月20日

黑带蚜蝇
Episyrphus balteatus

　　眼裸；颜污黄色，除中突外具密污黄色或白色粉被。中胸背板黑色，小盾片污黄色，很少有暗色宽而透明的端前带；侧板黑色，有黄色或灰色或略亮的粉被，后小盾片下面毛长而密；腹侧片上、下毛斑等长，分开；下后侧片有长的毛簇；后胸腹板有毛。翅后缘有1列小的黑色骨化点。腹部无边，两侧平行，基部略收缩或呈狭卵形，第2节有黄色带，第3、4节黄色，有黑带。成虫的盛发期在5—8月。在我国各地均有分布。

蚜蝇科 Syrphidae
拍摄地点：云南省文山壮族苗族自治州马关县
拍摄时间：2018年4月21日

墨蚜蝇
Melanostoma sp.

体较小，颜面、中胸背板和小盾片全黑色，具金属光泽。头部半圆形，与胸部等宽或略宽，颜面宽，具小中突。复眼裸，雄虫接眼。触角较头短，前伸，第3节卵形，约等于基部2节之和，背芒裸。后胸腹板退化为中、后足基节之间的矛状骨片。腹部长卵形或两侧平行，具黄斑。足简单，翅大。在我国分布于云南、重庆等地。

蚜蝇科 Syrphidae
拍摄地点：云南省文山壮族苗族自治州马关县
拍摄时间：2018年4月21日

390

蚕饰腹寄蝇
Blepharipa zebina

　　头部有金黄色的粉被，后头被黄色；复眼裸露；触角第1~2节黄色，第3节黑色。胸部黑色背面有4个窄的黑色纵条；小盾片暗黄色；翅基部及前缘部分暗褐色；足黑色。腹部两侧及腹面暗黄色，延中背线及前后端黑色。主要寄主为家蚕、柞蚕和松毛虫。属于天敌昆虫。在我国各地均有分布。

寄蝇科　Tachinidae
拍摄地点：湖北省恩施土家族苗族自治州巴东县（铁厂荒森林公园）
拍摄时间：1989年7月31日

善飞狭颊寄蝇
Carcelia evolans

　　体长约9 mm。雄虫额宽约为眼宽的2/5～1/2，侧额覆金黄色粉被；中足胫节无腹鬃，具1根粗大的前背鬃和2根较小的后背鬃，后足基节后表面裸；翅前缘脉基鳞黑褐色。腹部第3～5背板前方2/3覆黄褐色粉被，后方1/3为黑色横带；第2背板全部黑色，第2、3背板各具1对中缘鬃。已知寄主为棉铃虫和玉米螟。在我国分布于广西、云南、北京、山东、江苏、浙江、福建、台湾等地。

寄蝇科　Tachinidae
拍摄地点：北京市海淀区（翠湖国家城市湿地公园）
拍摄时间：2006年10月13日

长足寄蝇

Dexia sp.

　　腹部第2背板中央凹陷达后缘，无中心鬃，小盾端鬃交叉排列，触角芒羽状，前缘脉第2段腹面具毛，肩鬃2～3根，颜脊明显，口缘向前不突出，触角第3节为第2节长的2～3倍，沟后背中鬃3根，雄虫腹部第3～5背板几乎总是具中心鬃，喙短。在我国分布于云南、广东等地。

寄蝇科　Tachinidae
拍摄地点：广东省深圳市坪山区（马峦山郊野公园）
拍摄时间：2010年8月24日

393

树创蝇
Schildomyia sp.

　　身体浅灰色，有深灰色及黑色斑点和线条；复眼红色；翅上带有排列整齐的深灰色斑点。胫节有端前鬃；后顶鬃分离，侧额鬃2根向后，1根侧向。生活于有树木汁液流出的树干上。在我国分布于重庆、北京等地。

树创蝇科　Odiniidae
拍摄地点：北京市海淀区
拍摄时间：2006年8月15日

394

麻蝇
Sarcophagidae

　　多为中小型灰色蝇类。复眼裸，眼大，红色，雄虫互相接近；雄虫额宽窄于雌虫。触角芒基半部羽状，光裸或具微毛，后小盾片不突出。下侧片鬃列发达，翅侧片具鬃毛，胸部侧面观其外方的肩后鬃位置比沟前鬃高，至少在同一水平上。下腋瓣宽，具小叶。腹部常具银色或带金色的粉被条斑，各腹板侧缘被背板遮盖。在我国分布广泛。

麻蝇科　Sarcophagidae
拍摄地点：贵州省黔东南苗族侗族自治州雷山县（雷公山国家级自然保护区）
拍摄时间：2005年5月31日

二叉鼓翅蝇
Dicranosepsis sp.

体形小，形状似蚂蚁。体黑色，光亮。翅透明，翅脉黑色。头部球形或轻微扁平，后头区有一些鬃。触角芒裸。前胸前侧片无鬃。盾片下中板具光泽。中足基节上半部裸，股节直。翅正常，较腹部长，具中等的臀片；腋瓣狭窄，覆盖微鬃，翅瓣上边缘具微毛，下边缘无微毛。成虫常见于灌木丛间，停息时双翅平展并不断摆动，如行船划桨。

鼓翅蝇科 Sepsidae
拍摄地点：广西壮族自治区百色市那坡县
拍摄时间：2018年4月28日

鼻蝇
Rhiniinae sp.

体形中等。体黑色，体表密布黑色斑点和稀疏的毛，胸部背面的毛平伏。复眼有反光纹路。口上片突出如鼻状，后头上部大半是裸出的。翅较窄长，翅脉简单。翅下大结节上无立纤毛，下腋瓣裸露。足胫节、跗节褐色，股节有稀疏的直立毛，胫节直立毛主要集中在端半部。成虫白天活动，有访花行为。

丽蝇科 Calliphoridae
拍摄地点：广西壮族自治区百色市那坡县
拍摄时间：2018年4月28日

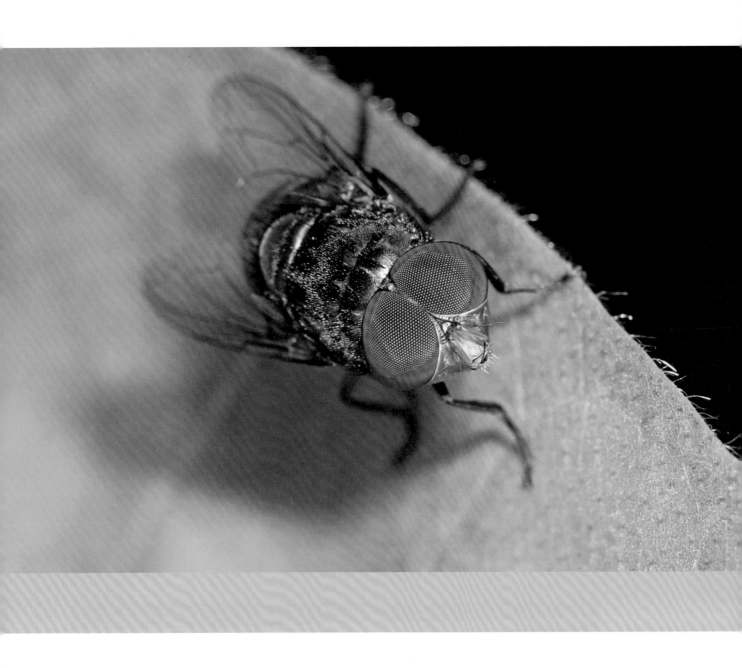

大头金蝇
Chrysomya megacephala

　　成虫体长8～11 mm，体躯肥胖，亮绿至蓝绿色。雄虫复眼合生，复眼上部2/3有大型的小眼面，在额的长度内约有25排，与下部1/3范围内的小眼面有明显区别。颊和触角大部分呈橙黄色。雄性腹侧片和第2腹片大部具黑毛，雌性大部具黄毛。幼虫为杂食性并偏尸食性。成虫则喜在动物尸体、鲜牛粪以及有蚜虫寄生的植物上寻找食物。在我国分布于除青海、西藏、新疆之外的地区。

丽蝇科 Calliphoridae
拍摄地点：北京市海淀区
拍摄时间：2006年7月27日

孟蝇
Bengalia sp.

　　眼离生，口前缘突出，触角芒长羽状。雄虫前足胫节有刺或鬃。捕食蚁类搬运中的蚁幼虫和白蚁。成虫多停息在树荫处，飞翔速度非常缓慢。在我国分布于长江以南地区。

丽蝇科 Calliphoridae
拍摄地点：海南省乐东黎族自治县（尖峰岭国家级自然保护区）
拍摄时间：1997年5月20日

主要参考资料

【01】彩万志，李虎. 中国昆虫图鉴 [M]. 太原：山西科学技术出版社，2015.

【02】李子忠，杨茂发，金道超. 雷公山景观昆虫 [M]. 贵阳：贵州科技出版社，2007.

【03】张巍巍，李元胜. 中国昆虫生态大图鉴 [M]. 重庆：重庆大学出版社，2011.

【04】中国科学院动物研究所. 中国蛾类图鉴(Ⅲ)[M]. 北京：科学出版社，1982.

【05】戴仁怀，李子忠，金道超. 宽阔水景观昆虫 [M]. 贵阳：贵州科技出版社，2012.

【06】顾茂彬，陈佩珍. 海南岛蝴蝶 [M]. 北京：中国林业出版社，1997.

【07】蒋书楠，蒲富基，华立中. 中国经济昆虫志 第三十五册 [M]. 北京：科学出版社，1985.

【08】康乐，刘春香，刘宪伟. 中国动物志 昆虫纲 第五十七卷 [M]. 北京：科学出版社，2014.

【09】李铁生. 中国经济昆虫志 第三十册 [M]. 北京：科学出版社，1985.

【10】李子忠，金道超. 梵净山景观昆虫 [M]. 贵阳：贵州科技出版社，2006.

【11】林美英. 常见天牛野外识别手册 [M]. 重庆：重庆大学出版社，2015.

【12】谭娟杰，虞佩玉，李鸿兴等. 中国经济昆虫志 第十八册 [M]. 北京：科学出版社，1980.

【13】中国科学院动物研究所. 中国蛾类图鉴(Ⅰ)[M]. 北京：科学出版社，1981.

【14】王遵明. 中国经济昆虫志 第二十六册 [M]. 北京：科学出版社，1983.

【15】萧采瑜，任树芝，郑乐怡等. 中国蝽类昆虫鉴定手册 第二册 [M]. 北京：科学出版社，1981.

【16】杨星科，刘思孔，崔俊芝. 身边的昆虫 [M]. 北京：中国林业出版社，2005.

【17】虞国跃. 台湾瓢虫图鉴 [M]. 北京：化学工业出版社，2011.

【18】章士美等. 中国经济昆虫志 第三十一册 [M]. 北京：科学出版社，1985.

【19】周尧，路进生，黄桔等. 中国经济昆虫志 第三十六册 [M]. 北京：科学出版社，1985.

【20】中国科学院动物研究所. 中国蛾类图鉴(Ⅳ)[M]. 北京：科学出版社，1983: 2811-2935.

【21】武春生，徐堉峰. 中国蝴蝶图鉴[M]. 福州：海峡书局，2017.

【22】杨平之等. 高黎贡山蛾类图鉴[M]. 北京：科学出版社，2016.

【23】李虎，何疆海，刘星月，朱正明.黄连山常见昆虫生态图鉴[M].郑州：河南科学技术出版社，2018.

【24】周善义，陈志林. 中国习见蚂蚁生态图鉴[M]. 郑州：河南科学技术出版社，2020.

中文名索引

拉丁学名索引

417

后　记

　　本卷图谱以原色照片为主，共收录介绍了分布在我国西南地区西藏、云南、四川、重庆、贵州、广西6省（直辖市、自治区）620种昆虫（上、下两册）及其生态照片。物种介绍包括物种分类地位，如所属目、科、属和种的中文名和拉丁名，保护状况，体形或大小、主要形态识别特征、主要生物学或生态习性，地理分布，以及生态照片的拍摄地点和拍摄时间等。书后附有主要参考资料、物种学名索引。

　　本卷编写的主要参考书目为P. J. Gullan和P. S. Cranston原著，彩万志等翻译的《昆虫学概论（第3版）》（*The Insects: An Outline of Entomology*），在昆虫分类系统和物种分类地位方面主要参考了彩万志、李虎编著的《中国昆虫图鉴》，以及多篇近年来发表的相关科学文献。

　　本卷物种标注的国内外保护或濒危等级的依据和具体含义如下：

　　1. 中国保护等级依据国务院批准的国家林业和草原局、农业农村部2021年2月发布的《国家重点保护野生动物名录》分为国家一级保护物种和国家二级保护物种。

　　2. 本书物种濒危状况的全球评估等级引自世界自然保护联盟（IUCN）发布的"受威胁物种红色名录"（The Red List of Threatened Species, Ver. 2020-1）。由于此名录目前仅对少数昆虫进行了评估，因而本卷所涉及的物种仅有少数被评为近危、无危或数据缺乏，其余均为未评估；不同等级的具体含义为：

近危（NT）：当一物种未达到极危、濒危或易危标准，但在未来一段时间内，接近符合或可能符合受威胁等级，则该物种为"近危"。

无危（LC）：当某一物种评估为未达到极危、濒危、易危或近危标准，则该物种为"无危"。广泛分布和个体数量多的物种都属于此等级。

数据缺乏（DD）：当缺乏足够的信息对某一物种的灭绝风险进行评估时，则该物种属于"数据缺乏"。

3. 物种在濒危野生动植物种国际贸易公约所属附录的情况，引自中华人民共和国濒危物种进出口管理办公室、中华人民共和国濒危物种科学委员会2019年编印的《濒危野生动植物种国际贸易公约附录I、附录II和附录III》，本卷仅有个别物种被列入附录II，其具体含义为：为目前虽未濒临灭绝，但如对其贸易不严加管理，就可能变成有灭绝危险的物种。

本书中有些物种拍摄于现有文献没有记录到的地区，还有些物种目前尚不了解其分布区域范围。在物种介绍中列出的照片拍摄地点和时间可以起到资料补充和佐证的作用，还有一些物种拍摄于本区域之外，但依据文献记载本区域有分布，也予以了收录。

在编写过程中，笔者的感受正如《昆虫展望》作者Michael D. Atkins在该书序言中所说："在执行计划的过程中，许多人对我进行了帮助和鼓励，应对他们表示感谢；还得感谢全体昆虫学家，他们作出的基本发现构成了任何一部昆虫书的基础。"由于昆虫类群和种类都非常多，每个类群都有各自不同的专业术语，为了避免出现常识性失误，编者在物种介绍中部分参考或引用了多部专著中的物种形态描述术语，这些专著和作者已在"主要参考资料"中列出，在此特向各位专家学者致以诚挚的感谢和敬意。感谢总主编朱建国先生给予的大力支持；感谢北京出版集团的刘可先生、杨晓瑞女士、王斐女士和曹昌硕先生等对本书从创意到编辑出版所付出的辛勤劳动。

张国庆

2021年2月于北京